[EXP]LORATION SCIENTIFIQUE DE LA TUNISIE.

CATALOGUE CRITIQUE

DES

MAMMIFÈRES APÉLAGIQUES SAUVAGES

DE LA TUNISIE,

PAR

FERNAND LATASTE,

MEMBRE DE LA MISSION DE L'EXPLORATION SCIENTIFIQUE DE LA TUNISIE,
PRÉSIDENT AU CONGRÈS D'ALGER DE LA SECTION DE ZOOLOGIE DE L'ASSOCIATION FRANÇAISE
POUR L'AVANCEMENT DES SCIENCES,
MEMBRE CORRESPONDANT DE LA SOCIÉTÉ ZOOLOGIQUE DE LONDRES, ETC.

PARIS.

IMPRIMERIE NATIONALE.

M DCCC LXXXVII.

EXPLORATION

SCIENTIFIQUE

DE LA TUNISIE,

PUBLIÉE

SOUS LES AUSPICES DU MINISTÈRE DE L'INSTRUCTION PUBLIQUE.

ZOOLOGIE — MAMMIFÈRES.

EXPLORATION SCIENTIFIQUE DE LA TUNISIE.

CATALOGUE CRITIQUE

DES

MAMMIFÈRES APÉLAGIQUES SAUVAGES

DE LA TUNISIE,

PAR

FERNAND LATASTE,

MEMBRE DE LA MISSION DE L'EXPLORATION SCIENTIFIQUE DE LA TUNISIE,
PRÉSIDENT AU CONGRÈS D'ALGER DE LA SECTION DE ZOOLOGIE DE L'ASSOCIATION FRANÇAISE
POUR L'AVANCEMENT DES SCIENCES,
MEMBRE CORRESPONDANT DE LA SOCIÉTÉ ZOOLOGIQUE DE LONDRES, ETC.

PARIS.

IMPRIMERIE NATIONALE.

M DCCC LXXXVII.

INTRODUCTION.

Le présent Catalogue n'est pas un simple extrait, remanié, de mon *atalogue des Mammifères de Barbarie*[1]. Depuis la publication de ce ravail, j'ai reçu de nouveaux matériaux, j'ai fait et j'ai appris de ouvelles observations qui ont modifié et accru ma connaissance e la faune barbaresque. J'ai corrigé des erreurs, tranché des ques- ons encore pendantes et posé de nouveaux problèmes à résoudre. insi, dans l'ordre des Insectivores, j'ai, me rangeant à l'opinion de . le Dr G.-E. Dobson, réuni spécifiquement au *Crocidura Araneus* chreber le *C. suaveolens* Pallas, que j'en avais d'abord distingué[2], et paré de ce dernier le *C. Etrusca* Savi, que je lui avais réuni; et j'ai comparer à l'*Erinaceus Libycus* Hemprich et Ehrenberg, d'Égypte, s deux Hérissons de Barbarie que je n'avais précédemment comparés 'entre eux et à l'espèce d'Europe. Dans l'ordre des Carnivores, je e suis préoccupé du problème de la distinction des différentes pèces de Chacal, dont deux, d'après Gray, se trouveraient en Bar- rie, et j'ai résolu celui de la valeur du Renard d'Algérie par pport au Renard d'Europe; d'après des statistiques officielles, j'ai ré d'un peu plus près la distribution géographique du Lion et la Panthère en Barbarie et dans les trois provinces de l'Algérie, j'ai montré avec précision le progrès de leur décroissance numé- ue dans cette région, progrès tel que la destruction du Lion sera isemblablement accomplie dans quelques années et celle de la ithère dans une ou deux générations; enfin j'ai réuni spécifique- nt à la Loutre commune d'Europe celle d'Algérie, que j'en avais

[1] *Étude de la Faune des vertébrés de Barbarie (Algérie, Tunisie et Maroc). Catalogue soire des Mammifères apélagiques sauvages* in *Actes Soc. Linn. Bordeaux*, XXXIX 5], p. 129-289. Ce travail sera désigné à l'avenir par l'abréviation *Mamm. Barb.* 5], et la pagination indiquée se rapportera au tirage à part. — Dans le Catalogue des *nifères de la Tunisie*, comme dans celui des *Mammifères de Barbarie* et pour les mêmes fs, je n'ai mentionné ni les Cétacés ni les Phoques.

[2] En faisant toutefois remarquer qu'elle n'en constituait «peut-être qu'une simple race, sous-espèce naine» (*Mamm. Barb.* [1885], 85).

d'abord distinguée[1]. Dans l'ordre des Rongeurs, j'ai étudié de plus près les rapports du *Gerbillus hirtipes* de Barbarie, d'une part, avec des sujets égyptiens de la même espèce, et, d'autre part, avec les deux espèces voisines *G. Gerbillus* Olivier et *G. pyramidum* Geoffroy.

Je dois les matériaux de cette dernière étude à M. Walter Innes, conservateur du Musée de l'École de médecine du Caire, dont les envois me fournissent de précieux objets de comparaison, tant pour la continuation de mes recherches sur la faune des Mammifères de Barbarie que pour la préparation de mes Catalogues des Reptiles de Barbarie et de Tunisie, qui paraîtront bientôt; je le prie d'agréer ici le témoignage de ma reconnaissance. Je tiens aussi à adresser mes remerciements à M. H. Vaucher, de Tanger, qui a entendu mes paroles de regret[2] de n'avoir aucun correspondant au Maroc, un pays dont la faune, encore si peu connue, nous cache bien des surprises et où il serait bon de constater directement la présence des espèces même qu'on y pourrait indiquer *a priori*. Le seul et petit envoi que M. H. Vaucher ait encore eu le temps de m'adresser contenait quelques Reptiles et seulement cinq Mammifères; or quatre de ceux-ci, *Canis Niloticus, Eliomys quercinus, Erinaceus Algirus* et *Crocidura Araneus,* vont être, grâce à cet envoi, pour la première fois cités dans la faune du Maroc.

Dans le présent Catalogue j'ai jugé inutile de reproduire les *Tableaux dichotomiques* qui composent la première partie de celui des *Mammifères de Barbarie*. Je renvoie à ce dernier ouvrage le lecteur désireux de se servir de ces tableaux, soit pour faciliter ses déterminations, soit pour contrôler les miennes[3].

---

[1] Non sans exprimer des doutes sur sa valeur : «Le problème de la distinction spécifique des Loutres d'Europe (*Lutra*) et d'Algérie (*angustifrons*) est posé, mais il reste encore à résoudre» (*Mamm. Barb.* [1885], 118).

[2] *Mamm. Barb.* [1885], 15.

[3] Dans le présent Catalogue, j'ai indiqué, pour les genres *Canis* et *Lutra*, quelques corrections à faire à ces tableaux dichotomiques. Je prie en outre le lecteur de supprimer, dans les mêmes tableaux, les caractères dentaires que j'avais cru pouvoir ajouter au caractère tiré de la forme de la pupille, pour la distinction des sous-genres *Canis* et *Vulpes* (*loc. cit.*, 41) et de remplacer, pour l'espèce *Getulus*, le nom générique de *Sciurus* Linné par celui de *Xerus* Hemprich et Ehrenberg (*loc. cit.*, 126), et je lui fais savoir que M. le Dr G.-E. Dobson, dont l'autorité est considérable en pareille matière, regarde aujourd'hui comme spécifiquement identiques les formes *Vesperugo borealis* Nilsson et *V. discolor* Natterer (*loc. cit.*, 34).

Les Mammifères de la Tunisie n'avaient été, jusqu'à ce jour, l'objet d'aucune publication spéciale; quelques espèces seulement avaient été indiquées, çà et là, dans divers ouvrages, voyages, traités généraux, publications relatives à la faune barbaresque ou à la faune algérienne, etc., ouvrages qui seront cités quand il y aura lieu[1].

Cette faune était donc tout à fait neuve quand, sur la proposition de

---

[1] Avant la *Mission de l'Exploration scientifique de la Tunisie*, la connaissance des productions naturelles de cette région avait fait le but de certains efforts. Ceux-ci ont été racontés et les publications auxquelles ils ont donné lieu ont été énumérées par Vinciguerra (*Fauna Tunisina, Pesci*, in *Ann. Mus. Genova*, XX [1884], 393). Sans vouloir reproduire ici cet historique, je rappellerai seulement que le Dr André, attaché à la dernière mission Roudaire, avait rapporté quelques collections zoologiques et botaniques dont les listes ont été annexées au *Rapport sur la dernière Expédition des Chotts* (Paris [1881], *Mollusques*, par L. Morlet, p. 167 et tab. 1-6, *Batraciens*, *Reptiles* et *Mammifères*, par F. Lataste, p. 172, *Insectes*, par Hénon, Leprieur et Simon, p. 175, *Plantes*, par E. Cosson, p. 177); et surtout je citerai l'ensemble des recherches entreprises ou dirigées par M. le marquis G. Doria, le fondateur et le directeur du Musée civique de Gênes. Les résultats de ces recherches sont consignés dans des mémoires spéciaux qui ont paru successivement dans les Annales du Musée de Gênes et dont la belle série n'est pas close encore. Bien qu'il ne m'appartienne pas de montrer dans quelle mesure ont profité à la science ces diverses publications, dont aucune ne se rapporte à mes études spéciales, je demande la permission d'en donner ici la liste et de témoigner mon admiration à M. le marquis Doria, qui, sans aucun secours de son gouvernement, mais en payant de sa personne et, le plus souvent, de ses deniers, a su mener à bien cette belle entreprise :

Coléoptères de Tunisie *récoltés par* Abdul Kerim, *décrits par* L. Fairmaire in *Ann. Mus. Genova*, VII [1875], 475-540.

Studi sugli Aracnidi Africani *del Prof.* P. Pavesi. I. *Aracnidi di Tunisia*, ibid., XV [1880], 283-388.

Crociera del Violante *comandato dal capitano-armatore* Enrico d'Albertis *durante l'anno 1877 per* A. Issel, P. Pavesi, C. Emery, G. Gribodo, R. Gestro *e* A. Zanetti colla collaborazione dei signori G. Grattarola, L. Fairmaire *e* S.-A. de Marseul, *ibid.*, XV [1880], 199-239.

Materiali per lo studio della Fauna Tunisina *raccolti da* G. *e* L. Doria :

I. **Pesci** *per* D. Vinciguerra, *ibid.*, XX [1884], 393-445;

II. **Aracnidi** *del Prof.* P. Pavesi, *ibid.*, XX [1884], 446-466;

III. **Rassegna delle Formiche della Tunisia** *del Prof.* C. Emery, *ibid.*, s. 2, I [1884], 373-386.

IV. **Sopra alcune Collembola e Thysanura di Tunisi** *del Prof.* Corrado Parona *ibid.*, s. 2, I [1884], 426-438, tab. 2.

V. **Rincoti** *di* P.-M. Ferrari, *ibid.*, s. 2, I [1884], 439-532.

VI. **Molluschi** *per* A. Issel, *ibid.*, s. 2, II [1885], 5-11.

VII. **Orthoptères** *par* A. de Bormans, *ibid.*, s. 2, II [1885], 97-115.

M. le professeur A. Milne Edwards, membre de la Commission des missions au Ministère de l'Instruction publique, et avec l'agrément de M. le Dr E. Cosson, président de la Mission de l'exploration scientifique de la Tunisie, je fus officiellement nommé membre de cette Mission pour la zoologie. L'étude préalable de la faune des Mammifères algériens et deux voyages en Algérie, dont l'un poussé dans le Sahara jusqu'au Mzab et à Ouargla, m'avaient d'ailleurs convenablement préparé à cette tâche. Malheureusement, malgré le précieux concours prêté à la Mission par les autorités militaires, l'exploration qui devait servir de base à l'étude de l'histoire naturelle de la Tunisie ne put être faite dans d'aussi bonnes conditions qu'il eût été désirable. Les fonds insuffisants mis par le Ministère à la disposition du président de la Mission ne lui permirent de m'allouer que 3000 francs. Avec cette somme, je ne pus faire qu'un seul voyage, qui dura trois mois et pendant lequel je ne visitai qu'une faible partie du pays; encore, par raison d'économie, et sur les conseils du président de la Mission, avais-je dû me joindre à mon collègue, M. A. Letourneux, ce qui me procura l'avantage de voyager en compagnie d'un homme aimable et savant, mais aussi l'inconvénient de renoncer à toute initiative personnelle. Je ne pus m'arrêter où j'aurais dû le faire et je fis parfois des séjours inutiles; en outre le concours des autorités locales, absolument indispensable quand il s'agit de recueillir en peu de temps un grand nombre de Vertébrés, fut en grande partie absorbé par mon collègue, qui s'occupait à la fois de botanique, de malacologie, d'entomologie, de linguistique, etc. Aussi mes récoltes furent-elles pauvres.

Ainsi que j'en avais pris l'engagement avant mon départ, un sujet au moins de chacune des espèces que j'ai rapportées de ce voyage a été remis par moi à M. le professeur A. Milne Edwards, pour le Muséum d'histoire naturelle de Paris; les espèces dont j'ai pu me procurer plus d'un échantillon sont représentées aussi dans ma collection.

Voici d'ailleurs l'itinéraire de ce voyage[1] :

---

[1] Les noms des localités sont écrits d'après l'orthographe adoptée par M. le Dr E. Cosson dans son *Répertoire alphabétique des principales localités mentionnées dans le Compendium et le Conspectus Floræ Atlanticæ* (2e édit., Paris [1882]) et dans son *Répertoire alphabétique des principales localités de la Tunisie* (imprimé en 1886 mais encore inédit).

ITINÉRAIRE DU VOYAGE.

Le 1er avril 1884, à dix heures du matin, je débarque à La Goulette, et, quelques heures après, je suis à Tunis. J'y trouve mes collègues de la Mission, MM. Doûmet-Adanson, Valery Mayet et Bonnet, qui doivent se séparer de nous dès le lendemain et que nous ne devons plus revoir de tout le voyage, ainsi que M. A. Letourneux et son préparateur, M. Lecouffe, que je ne dois plus quitter qu'en Algérie. — Le 3, avec MM. Letourneux et Lecouffe, exploration du Djebel Reças. — Le 5, dans l'après-midi, M. le commandant Coÿne, secrétaire de la Résidence, et M. Patin, consul de France, nous emmènent à Porto-Farina, où nous arrivons à la nuit. — Le lendemain, dans la matinée, je monte seul jusqu'au vieux fort, au sommet du Djebel Sidi-Ali-el-Mekki (Drar-el-Melah); puis je visite, à la recherche des Chiroptères, le lazaret désert et les ruines du Dar-el-Bey. Nous revenons déjeuner à Bou-Chater, au milieu des ruines de l'ancienne Utique, et nous couchons à El-Sebala, dans le palais alors inhabité de Kheredine. — Le 7, nous rentrons à Tunis. — Le 8, je fais seul une petite excursion entre la station de La Marsa et la halte de Carthagina, sur la ligne de Tunis à la Goulette. — Le 10, nous quittons Tunis et nous nous embarquons à bord de l'Abd-el-Kader. — Nous faisons escale, le 11, à Sousa et, le 12, à Sfax, où j'ai le temps, après avoir visité la ville, de faire une petite excursion dans la campagne environnante. — Le 13, nous débarquons à Gabès. M. le colonel de La Roque, commandant la subdivision, exige que nous logions dans sa maison et nous offre la plus complète et la plus cordiale hospitalité. — Le 16, dans la matinée, nous faisons une petite excursion à Aïn-Zerig, et, l'après-midi, l'unique voiture de la région nous transporte au camp de Ras-el-Oued, dont les officiers nous font une trop brillante réception. — Le 18, je fais une deuxième excursion à Aïn-Zerig et à Aïn-Maden. — Le 19, au matin, montés sur des mulets du train et escortés par des soldats du train et des chasseurs d'Afrique, nous partons pour le Djebel Matmata. Nous déjeunons à l'Oued El-Ftour; nous traversons une petite chaîne de collines et de vastes plaines parsemées des touffes vertes, assez espacées, du *Rhanterium suaveolens;* vers la fin de l'étape, la verdure devient plus intense, les Lièvres et les Cailles partent sous nos pas; nous traversons une nouvelle ligne de collines et nous campons à la Zaouïa de Sidi-Guenao. — Le 20, nous sommes en pays montagneux; les villages sont de deux sortes, les uns bâtis, à la façon des villages kabyles, sur des hauteurs abruptes, les autres creusés sous terre dans les contreforts argileux de la montagne; nous passons à Zoualigh, un de ces villages souterrains, dont nous visitons une habitation, nous déjeunons sur les bords d'un oued, au-dessous du village de Kalaa-ben-Aïssa, et, après avoir grimpé un col très difficile, nous campons à Taoudjout. — Le 21, nous faisons un détour pour visiter le village de Zeraoua, et nous arrivons pour déjeuner à Tamezret, où notre convoi s'est rendu directement et nous a précédés. — Le 22, nous sommes de bonne heure au grand village souterrain de Matmata, au pied d'une montagne abrupte. Dans la matinée, je fais l'ascension du kef, et, dans l'après-midi, je vais explorer des collines et des ravins argileux que nous avions longés le matin, en venant de Tamezret.

— Le 23, nous transportons notre campement à Hadedj, autre village souterrain distant seulement de quatre ou cinq kilomètres de celui de Matmata, mais sur le versant opposé de la montagne; le chef, Sassi Fetouch, la poitrine décorée de deux grandes croix du Nichan, vient au-devant de nous avec ses fils et une nombreuse escorte. Je regrette, pour mes récoltes zoologiques, de ne pouvoir séjourner plusieurs jours dans cette localité. — Le 24, nous reprenons la direction de Gabès, où nous arrivons vers quatre heures de l'après-midi et où nous retrouvons la charmante hospitalité de M. le colonel de La Roque. — Le 27, nous quittons de nouveau Gabès pour une excursion plus longue que la précédente. Nous déjeunons dans la petite oasis de Ketena, dont la source jaillit au milieu d'un bassin d'origine romaine, et, comme il pleut abondamment, nous renonçons à aller camper plus loin. — Le 28, nous passons, vers onze heures et demie, à côté de l'oasis de Mareth, et nous arrivons, vers midi et demi, dans celle d'Aram, où nous campons. — Le 29, nous traversons les Oued Medjerda et Zess et nous nous arrêtons pour déjeuner au bord de l'Oued Oum-Mezessar; nous arrivons bientôt après au poste avancé de Ksar El-Metameur, occupé par la 6e compagnie mixte, dont les officiers nous font le plus aimable accueil et nous offrent la plus cordiale hospitalité. Le même jour, après le départ de notre escorte, qui s'en retourne à Gabès, nous visitons les curieux magasins à grains du Ksar El-Metameur. — Le lendemain, dans la matinée, je vais chasser, avec M. le lieutenant Bocquet, sur le Djebel Tadjera, au sommet duquel est installé le télégraphe optique; dans l'après-midi, M. le capitaine Rebillet m'emmène voir le Ksar El-Moudenin, dont les magasins ont jusqu'à cinq étages superposés, et où la contrebande indigène me permet de renouveler ma provision de poudre de chasse.

Le 1er mai, dirigés par M. le capitaine Rebillet et M. le lieutenant Bocquet et escortés par les cavaliers de leur compagnie, nous partons pour une excursion de plusieurs jours dans la montagne; nous déjeunons à Foum-Hallouf, au pied de la montagne, et nous allons camper sur le plateau des Haouaïa, à trois kilomètres du Ksar des Beni Khededj. — Le lendemain, 2, nous séjournons au même point, et, deux fois dans la journée, je fais l'ascension du Djebel Mezemzem, couronné par les ruines de l'Henchir Demeur. — Le 3, nous descendons progressivement, par une série de cols et de vallées, jusqu'à l'Oued El-Kheïl, que nous traversons; nous rencontrons une plaine sablonneuse, d'aspect saharien, et nous campons auprès du village de Bled-Kebira-Ghomrassen, dont la population ne se compose en ce moment que de femmes, d'enfants, de vieillards et de malades, les hommes valides étant dans le Sahara. La vallée dans laquelle nous nous trouvons a l'aspect d'une cassure étoilée au milieu d'un plateau pierreux et aride; arrosée par un oued et plantée de jardins, elle est encaissée entre des rochers escarpés, disposés par assises horizontales; le village monte de la vallée vers le plateau supérieur, à l'extrémité d'une sorte de promontoire et au-dessous des ruines d'un village éboulé dont les maisons étaient en partie creusées dans le roc et en partie plaquées contre lui. — Le 4, nous allons camper à Bir El-Ahmar. — Le 5, nous rentrons au Ksar El-Metameur. — Le 7, excursion aux ruines romaines du Ksar Koutin. — Le 8, départ définitif du Ksar El-Metameur, déjeuné et couché à Sidi-Salem-bou-Grara, sur la plage, au pied de la falaise et en face de l'île de Djerba.

— Le 9, par un temps pluvieux et venteux, nous suivons la côte jusqu'à Marsa, en face du village de Houmt-Adjim. Nos coups de fusil ne sont pas entendus, et c'est seulement vers le soir, quand nous nous sommes décidés à dresser notre tente et à faire du feu pour la cuisine, que notre présence est signalée et qu'une barque vient nous prendre. Nous couchons à Houmt-Adjim, chez le capitaine indigène du port. — Le 10, vers sept heures du matin, nous prenons place à bord d'une barque et nous faisons voile pour Zarzis, où nous n'arrivons qu'à quatre heures de l'après-midi. Nous sommes reçus par M. Ecarnot, adjudant télégraphiste, qui nous offre de partager avec lui les quelques chambres qu'il occupe dans le vieux fort turc; mais nous préférons planter notre tente dans la cour du fort. — Le 11, je vais chasser avec M. Ecarnot dans la direction du nord-ouest. — J'explore, le 12, les collines pierreuses du sud-ouest, le 13, les ravins du nord. — Le 14, avec MM. Ecarnot, Letourneux et Lecouffe, je vais jusqu'à la Sebkha El-Melah. — Le 15, je visite les ruines de Ziane (*Gyparea*), récemment fouillées par M. Reinach. — Le 17, à six heures du matin, nous repartons pour l'île de Djerba et nous arrivons à Houmt-Souk à midi et demi. Le même jour, j'explore les environs de la ville, et, le lendemain, avec M. le Dr Pierron, médecin militaire, je vais chasser dans la plaine de Bou-Salem, à huit kilomètres d'Houmt-Souk. — Le 19, j'expédie en France, dans une caisse en fer-blanc soudée et habillée de bois, l'ensemble de mes récoltes zoologiques conservées dans l'alcool, et je joins à mon envoi plusieurs caisses de Reptiles vivants destinés à divers correspondants; mon ami regretté, Gabriel Olive, continuait, comme il l'avait déjà fait quand j'explorais l'Algérie, à me servir d'utile et d'obligeant intermédiaire à Marseille. — Le 20, à bord du paquebot La Ville-de-Bône, nous quittons l'île de Djerba pour rentrer à Gabès; nous y séjournons de nouveau, chez M. le colonel de La Roque, jusqu'au 25. — Le 25 mai, départ définitif de Gabès. Nous déjeunons à Bir Chenchou, et nous campons à El-Hamma, dont quelques-unes des sources chaudes sont protégées par des constructions d'origine romaine. C'est là que doit nous quitter notre escorte française; jusqu'après la traversée du Chott El-Djerid, nous serons entre les mains des indigènes et mon mulet du train sera, jusqu'alors, remplacé par un âne de Tunisie. — Le 26, séjour et ascension du Djebel Aziza, vers l'extrémité de la chaîne du Djebel Tebaga. — Le 27, nous déjeunons à Aïn El-Magroun, fontaine jaillissant dans le lit à sec d'un oued fortement raviné, et nous couchons à Fratis. — Le 28, après avoir traversé d'abord des pâturages verdoyants et giboyeux, puis des terrains nus, bordés de monticules d'argile gypseuse, nous déjeunons à Nebech-ed-Dib, auprès d'une fontaine, dans une plaine aride couverte de silex éclatés, et nous couchons dans la petite oasis de Limaguès, sur le bord d'un vaste marais qui se continue avec le Chott El-Fedjedj. — Le 29, le caïd du Nefzaoua, qui est venu au-devant de nous avec une escorte, nous conduit et nous installe dans le bordj nouvellement construit de Kebilli. — Nous séjournons le lendemain dans cette oasis et nous allons explorer les collines abruptes que nous avons traversées la veille. — Le 31, nous déjeunons dans l'oasis, très voisine, de Mansourah; puis, passant à côté des oasis de Rabta et de Toumber, nous allons camper à El-Golea; du haut d'un rocher voisin, dernier contrefort de la chaîne du Nefzaoua, je vois à mes pieds les trois oasis de Menchia, de Bou-Abdallah et d'El-Golea, au loin, le Chott et, dans l'intervalle, un grand nombre d'oasis : j'en compte douze dans la seule direction d'El-Golea.

Le 1er juin, nous nous arrêtons, pour déjeuner et camper, à Debabcha. — Le 2, à deux heures et demie du matin, nous nous mettons en route pour traverser le Chott; nous sommes, à neuf heures et demie, à El-Mensof (la pierre du milieu) et, à midi, de l'autre côté du Chott, à Ras-el-Aïoun, dans l'oasis de Kriz. — Une escorte française nous conduit, le lendemain, par une petite étape d'une quinzaine de kilomètres, à Tozzer, où les officiers du bureau des renseignements et ceux de la 5e compagnie mixte nous font le plus aimable accueil et nous offrent la plus charmante hospitalité; nous sommes installés, par M. le lieutenant de Fleurac, dans le Dar-el-Bey, qu'il occupe. — Le 4, je parcours l'oasis et ses environs immédiats. — Le 5, nous nous rendons à Nefta, où la diffa nous est offerte; nous parcourons cette magnifique oasis, la seule où j'aie entendu le bruit délicieux de l'eau tombant en cascade, nous explorons les bords marécageux du Chott et nous couchons dans le Dar-el-Bey. — Le 6, en suivant la crête du Draa, d'où nous pouvons contempler les deux Chotts El-Djerid à droite et El-Gharsa à gauche, nous rentrons à Tozzer. — Le 7, M. de Fleurac nous emmène à El-Hamma, oasis marécageuse et envahie par les sables, où l'on trouve des sources chaudes avec des traces de constructions romaines. — Le 9, nous quittons Tozzer; j'en emporte, avec un charmant souvenir du séjour trop court que j'y ai fait, des récoltes zoologiques relativement abondantes; celles-ci sont dues en grande partie à M. de Fleurac, qui a bien voulu faire chasser pour moi quelques-uns de ses spahis. Nous traversons les oasis de Seba-Biar, dépassant celle de Kriz, que nous connaissons déjà, et faisant la halte du déjeuner dans celle de Sedada; puis, nous engageant entre le Chott El-Fedjedj et une chaine de montagnes basses, nous allons camper à l'Oued Metaleghmin. — Le 10, nous nous arrêtons un instant à l'Oued Kebirita, nous déjeunons à la source de l'Oued Kebiriti et nous plantons notre tente dans le ravin de l'Oued Zitoun. La pluie, qui tombe pendant toute la nuit et toute la journée du lendemain, nous retient prisonniers sous la tente. — Le 12, prenant par l'Oued Chaba, nous faisons l'ascension du col de Taferma, et nous campons à Taferma, sur l'autre versant et au pied de la montagne. — Le 13, nous arrivons pour déjeuner et nous couchons au bordj de Gourbata. — Le 14, nous sommes à Gafsa, où nous dressons notre tente sur la grande place, à gauche du vieux fort et en face du cercle des officiers. — Le 16, nous allons explorer des grottes qui se trouvent dans le voisinage. — Le 20, départ. Déjeuné à l'Oued Sidi-Aïch; campé à Sidi-Aïch, au-dessous d'un ancien cimetière arabe, auprès de ruines romaines et d'un bordj de construction récente. — Le 21, nous déjeunons à l'Oued Zitouna; dans le défilé d'El-Oguef, nous rencontrons M. le Dr Robert, médecin militaire, qui vient au-devant de nous, et, à Feriana, nous trouvons des lits à l'hôpital et une cordiale hospitalité. — Le 22, nous visitons les ruines de l'ancienne Thelepte. — Le 23, M. Robert nous accompagne au Djebel et au lac Khachem-el-Kelb. — Le 24, j'explore l'oasis et ses environs. — Le 25, nous quittons Feriana: nous faisons une petite halte dans le Khanget-Goubel, puis, à travers une plaine très giboyeuse et où l'alfa est plus haut qu'un homme, nous arrivons pour déjeuner à Tamesmida; nous y campons, à côté de ruines romaines considérables. — Le 26, nous traversons le beau défilé de Tamesmida, dont les pentes sont couvertes, à droite et à gauche, de pins d'Alep, et, par un autre col plus évasé, nous arrivons à Aïn Bou-Driès, bas-fond marécageux, avec des ruines romaines, où nous nous arrêtons quelques minutes seulement; j'y vois, pour la première fois du voyage, le *Lacerta muralis* et le *L. ocellata pater,* indice certain que nous avons quitté la faune saharienne; nous déjeunons à l'Oued Cherchara : potage de gibier, gibier en sauce, gibier rôti, nous ne vivons plus que de gibier. Comme il pleut, nous renonçons à aller coucher plus loin. — Le 27, il pleut encore; laissant à droite Fousana, où nous avions d'abord le projet de passer, laissant à gauche le Khanget-es-Slougui, nous allons camper à l'entrée du défilé de Foum-el-Bouibet. — Le 28, comme il pleut toujours, nous abandonnons l'idée d'aller visiter les ruines de Tala, l'ancienne forteresse de Jugurtha. Rencontrant sur notre route de nombreux monuments mégalithiques ainsi que des ruines romaines, nous traversons le défilé de Khanget-es-Slougui, la plaine verdoyante de Tabaga, le défilé de Teniet Berrima, et nous campons auprès des ruines énormes d'Haïdra. — Le 29, nous allons explorer le pittoresque et imposant Guelaat-es-Snam, et nous revenons coucher à Haïdra. — Le 30, nous campons à Ras-el-Aïoun dans une vaste plaine du territoire des Ferachich, couverte de blé et remplie d'Arabes venus pour la récolte.

Le 1er juillet, nous entrons sur le territoire algérien; nous traversons le défilé de Ras-el-Aïoun et nous débouchons sur la plaine de Tebessa. — Le 3, avec M. Letourneux, excursion à Youkous. Nous quittons, au moulin de Youkous, la voiture qui nous a amenés de Tebessa, nous traversons le village et nous gagnons le fond de la gorge; mais nous devons renoncer à monter jusqu'à la grotte; à une heure de l'après-midi, nous sommes de retour au moulin; nous déjeunons, nous visitons les ruines du Hammam et nous rentrons à Tebessa. — La diligence nous dépose, le 6, à Aïn-Beïda, et, le 7, à Oued-Zenati. Là, le même jour, nous prenons le train de Bône. Je laisse à Guelma MM. Letourneux et Lecouffe, et, à sept heures et demie du soir, j'arrive à Bône, où, non sans avoir fait encore quelques récoltes dans les collections de mon ami, M. le Dr Hagenmüller, je prends, quelques jours après, le paquebot de France.

Grâce à M. le marquis G. Doria, directeur du Musée civique de Gênes, à MM. E. Cosson, A. Letourneux et Valery Mayet, président et membres de la Mission, à M. le capitaine Rebillet et à M. le Dr Robert, médecin militaire, qui m'ont donné ou communiqué des objets ou qui m'ont fourni des renseignements et que je prie d'agréer le témoignage de ma gratitude, j'ai pu augmenter un peu la liste des espèces et le nombre des localités citées dans ce Catalogue; mais bien d'autres espèces seront très certainement inscrites plus tard dans la faune tunisienne. Indépendamment de celles qui sont manifestement barbaresques et que j'ai signalées, à leur place, comme devant se retrouver en Tunisie, il y en a d'autres, surtout parmi les Chiroptères, dont la présence dans ce pays est plus ou moins vraisemblable, et d'autres dont il est actuellement impossible de prévoir la future découverte.

Malgré ces lacunes, j'espère que ce travail aura quelque utilité et fournira une base solide aux recherches ultérieures. Je me suis surtout efforcé d'éviter les erreurs de détermination et de n'admettre, dans ma liste, que les espèces dont le droit d'y figurer est parfaitement établi.

Parmi les espèces de ce Catalogue, une seule, *Phyllorhina Tridens*, n'avait pas encore été signalée dans la faune algérienne; mais, comme elle est répandue, à travers l'Afrique, de l'est (Égypte et Zanzibar) à l'ouest (Sénégal), il est vraisemblable qu'on la retrouvera aussi en Algérie quand on l'y aura suffisamment cherchée; d'ailleurs, de tous les Mammifères, ceux de l'ordre des Chiroptères sont les moins caractéristiques d'une faune.

Cette absence de types spécifiques propres à la Tunisie démontre absolument, au point de vue mammalogique, l'unité de la faune barbaresque de l'est à l'ouest, depuis le golfe de Gabès, au moins jusqu'à la frontière occidentale de l'Algérie et, selon toute vraisemblance, jusqu'à l'Océan.

Du nord au sud, en Algérie, même au point de vue mammalogique, la faune barbaresque peut être divisée en trois régions encore assez nettes, malgré la pénétration fréquente des espèces d'une région extrême dans la région moyenne et même jusque dans la région extrême opposée. Il n'en est pas de même en Tunisie. Les espèces vraiment désertiques, comme les *Erinaceus deserti, Canis Zerda, Cynailurus guttatus, Zorilla Libyca, Gerbillus hirtipes, Meriones erythrurus, Dipus hirtipes, Ctenodactylus Gundi, Ovis Tragelaphus, Addax nasomaculatus*, ne remontent pas, il est vrai, jusqu'au littoral septentrional, et des espèces du Tell, comme le *Genetta Genetta* et l'*Herpestes Ichneumon*, m'ont paru manquer à la Tunisie méridionale; mais le Cerf, une espèce d'Europe, descend jusqu'en Tripolitaine, dans la plaine de Douiret, et, à Tozzer dans le Djerid, le Hérisson du Tell (*Erinaceus Algirus*) vit à côté de son confrère du désert (*Erinaceus deserti*). En somme, le trait caractéristique de la faune tunisienne, c'est la disparition de la zone intermédiaire des Hauts-Plateaux. Les deux régions extrêmes devenant contiguës, leurs Mammifères sont passés de l'une à l'autre et se sont mêlés sur une certaine étendue de terrain.

Qu'il me soit permis, en terminant, d'adresser mes remerciements au président de la Mission de l'Exploration scientifique de la Tunisie, pour la bienveillance qu'il m'a témoignée dans les rapports que j'ai eus avec lui comme membre de la Mission, et aussi pour les soins qu'il a bien voulu donner à l'exécution typographique et à la correction des épreuves de ce Catalogue.

Paris, 17 février 1887.

CATALOGUE CRITIQUE

DES

MAMMIFÈRES APÉLAGIQUES SAUVAGES

DE LA TUNISIE.

ORDRE I. CHIROPTÈRES[1].

FAMILLE I. RHINOLOPHIDÉS.

GENRE 1. RHINOLOPHUS.

Rhinolophus Geoffroy *in* Desmarest *Nouv. Dict. Hist. nat.*, XIX [1803], 383.

1. R. Ferrum-equinum.

Ferrum-equinum Schreber *Saüg.*, I [1775], 174; Dobson *Cat. Chir.* [1878], 119; Lataste *Mamm. Barb.* [1885], sp. 2. — *unihastatus* Geoffroy in *Ann. Mus.*, XX, 257. — *affinis* Loche *Expl. sc. Alg. Mamm.* [1867], sp. 48 (*non* Horsfield *Zool. Researches in Java* [1824]). — Le Grand-Fer-à-Cheval.

Un exemplaire, de Feriana (Dr Robert [1884]).

L'espèce paraît rare en Barbarie. Anciennement indiquée en Algérie par Pomel (in *Compt. rend. Ac. Sc.* [1856], 652) et par Loche (*loc. cit.*, sp. 45 et vraisemblablement aussi sp. 48), je l'ai recueillie moi-même, en 1880, dans la grotte du cap Aokas près Bougie et, en 1881, dans la grotte de la Rorfa des Beni Sliman près Aumale. D'après Dobson, elle s'étend du sud de l'Angleterre et des montagnes du Harz, en Europe, au cap de Bonne-Espérance, en Afrique, et jusqu'au Japon, en Asie.

J'ai eu d'Algérie deux autres espèces de *Rhinolophus* qu'aucun document ne me permet d'indiquer actuellement en Tunisie, bien qu'elles s'y trouvent vraisemblablement en abondance, du moins la première. Ces deux espèces sont le *R. Euryale* Blasius et le *R. Hipposideros* Bechstein.

GENRE 2. PHYLLORHINA.

Phyllorhina[2] Bonaparte *Saggio Distr. Anim. vert.* [1831], 16.

1. P. Tridens.

Tridens Geoffroy *Descript. Égypte*, II [1812], 130; Dobson *Cat. Chir.* [1878], 131; Lataste *Mamm. Barb.* [1885], sp. 6. — Le Trident.

El-Hamma de Gabès (territoire des Beni Zid), dans les constructions romaines

---

(1) Les Arabes désignent toutes les Chauves-souris sous les noms de *Bouchleïda* et de *Tirtellil*.

(2) C'est par une faute de transcription que ce genre est signé de Geoffroy dans mon *Catalogue des Mammifères de Barbarie* (p. 65).

qui couvrent les sources chaudes. En visitant ces sources, le 25 mai 1884, j'entendis, sous la voûte, crier des Chauves-souris. Ne pouvant les atteindre au-dessus de l'eau, ni même séjourner longtemps dans cette étuve, je priai le caïd qui nous accompagnait de m'en faire prendre. C'est ainsi que j'obtins le sujet unique que j'ai rapporté et qui fait aujourd'hui partie des collections du Muséum de Paris.

Ce sujet ne m'a paru différer que par une taille un peu plus grande de trois autres dont je suis redevable à M. Letourneux et qui proviennent de Thèbes (Égypte). L'avant-bras de ceux-ci mesure de 47 à 48 millimètres, tandis que celui de l'exemplaire tunisien atteint 52 millimètres. Il est bon de noter, d'ailleurs, que ce dernier est une femelle.

L'espèce n'avait pas encore été signalée en Barbarie. Dobson ne l'indique que d'Égypte et de Zanzibar; mais le Muséum de Paris en possède un sujet qui vient du Sénégal (*Cat. Mamm.* A. 238, don de M. Bibron). Celui-ci, également femelle, a exactement la taille de mon exemplaire tunisien.

Famille II. **VESPERTILIONIDÉS.**

Genre 3. **VESPERUGO.**

Vesperugo Keyserling et Blasius in Wiegm. *Arch.* [1839], 312.

1. V. isabellinus.

isabellinus Temminck *Mon. Mamm.*, II [1835-1841], 205. — ***serotinus*** subsp. ***isabellinus*** Dobson in *Bull. Soc. zool. Fr.* [1880], 234. — ***serotinus isabellinus*** Lataste in *Bull. Soc. zool. Fr.* [1880], 237. — ***isabellinus*** Lataste *Mamm. Barb.* [1885], sp. 10.

M. le marquis Giacomo Doria a recueilli cette forme aux environs de Tunis, et il m'en a envoyé un exemplaire qui fait actuellement partie de ma collection.

Elle paraît très répandue en Algérie, où, sans doute, elle remplace complètement le *V. serotinus* Schreber. Je l'ai recueillie à Laghouat, le 24 avril 1880 (un grand nombre de femelles, prises ensemble dans un palmier creux), au Chabet-el-Akra, route de Setif à Bougie (un mâle), et j'en ai reçu de M. le Dr Hagenmüller plusieurs sujets qui provenaient de la grotte du Djebel Thaya près de Guelma. Elle se rencontre vraisemblablement dans la Barbarie entière. Elle a été décrite par Temminck (*loc. cit.*), sur de nombreux sujets provenant de Tripoli.

D'accord avec Dobson (*loc. cit.*), je la regarde comme une sous-espèce du *V. serotinus;* son nom complet est donc *V. serotinus isabellinus*. Elle diffère surtout du *V. serotinus* par son oreillon plus court, plus large, plus incliné en dedans.

2. V. Kuhli.

Kuhli Natterer in Kuhl *Deutsch. Flederm.* in *Ann. Wetcrauisch.*, IV [1817], 58; Dobson *Cat. Chir.* [1878], 230; Lataste *Mamm. Barb.* [1885], sp. 13. — ***marginatus*** Rüppell *Atlas* [1826], 74. — ***albolimbatus*** Kuster in *Isis* [1835], 75. — ***Vispipistrellus*** Bonaparte *Fauna d'Italia*, fasc. xx [1833]. — ***minutus*** Loche *Expl. sc. Alg. Mamm.* [1867], sp. 42. — La Vispipistrelle.

El-Hamma de Gabès (Beni Zid), un seul exemplaire recueilli avec le *P. Tridens*. J'avais déjà eu occasion de signaler cette espèce en Tunisie, d'après un sujet rapporté de la région des Chotts par l'expédition Roudaire (Lataste in Roudaire *Rapport sur la dernière Expédition des Chotts* [1881], 174).

Le *V. Kuhli* a été indiqué en Algérie par Loche (*loc. cit.*, sp. 40, 41 et 42), et il a été cité d'Algérie, de Tunisie et de Tripolitaine par Dobson (*loc. cit.*). En Algérie il est commun, dans le Tell comme dans les Hauts-Plateaux et le Sahara. Je l'ai recueilli en abondance : en 1880, à Biskra, Tahir-Rassou, Tougourt, Ouargla, Bou-Saada, et, en 1881, à Msila. Je l'ai reçu de Bône (Dr Hagenmüller), de Setif (M. Ph. Thomas) et de l'Arba près Alger (M. Ch. Lallemant). D'après Dobson, il habite le midi de l'Europe, le nord de l'Afrique et le sud de l'Asie. Il est commun dans le midi de la France.

Ses ailes sont constamment limitées par une bande blanche, celle-ci parfois très large, d'autres fois très étroite. Quant à sa teinte générale, elle varie beaucoup, très pâle dans le Sahara, obscure ou même noirâtre dans le Tell. La bordure claire est très large chez les sujets pâles du Sahara, qui sont alors identiques au *V. albolimbatus* Kuster.

Genre 4. VESPERTILIO.

Vespertilio Klein *Quadrup.* [1751], 60; Brisson *Regn. anim.* [1756], 22; Keyserling et Blasius in Wiegm. *Arch.* [1839], 306.

1. V. murinus.

murinus Linné *Syst. Nat.*, ed. 10 [1758], 32; Schreber *Säug.*, I [1775], 165, tab. 51; Dobson *Cat. Chir.* [1878], 309; Lataste *Mamm. Barb.* [1885], sp. 15. — *oxygnathus* Monticelli in *Ann. Accad. O. Costa*, Era 3, I [1885]. — Le Murin.

J'ai recueilli cette espèce dans la grotte de Gafsa, et je l'ai reçue aussi de Feriana (Dr Robert) et du Djebel Gattuna près de Hammam-el-Lif (M. le marquis G. Doria). Le *V. murinus* avait été déjà cité de Tunisie par Dobson (*loc. cit.*).

En Algérie, il avait été indiqué par Loche (*loc. cit.*, sp. 36) et par Dobson (*loc. cit.*), et je l'avais observé par milliers, en 1880, dans les grottes du Djebel Thaya (près Guelma), du Cap Aokas (près Bougie) et de Dellys; en outre, je l'avais reçu de Setif (Ph. Thomas) et de Palestro (G. Olive). Dobson l'a signalé aussi à Tanger dans le Maroc (*loc. cit.*). C'est le Chiroptère peut-être le plus abondant en Barbarie. Il est également très commun en France. D'après Dobson (*loc. cit.*), il habite l'Europe, l'Asie et le nord de l'Afrique.

On trouvera très certainement plus tard, en Tunisie, entre autres espèces du même genre, le *V. Cappaccinii* Bonaparte et le *V. emarginatus* Geoffroy, que j'ai observés en Algérie.

Le genre *Miniopterus* Bonaparte, de la même famille, a une espèce (*M. Schreibersi* Natterer) trop commune en Algérie pour qu'elle ne se rencontre pas également en Tunisie. Enfin, l'espèce unique du genre *Otonycteris* Peters, dont j'ai rapporté deux sujets de Ouargla[1], n'est probablement pas étrangère à la Tunisie méridionale.

---

[1] J'ai raconté ailleurs la capture de ces deux précieux spécimens (in *Bull. Soc. zool. Fr.* [1880], 37).

L'*Otonycteris Hemprichi* Peters est une très rare espèce qui n'est encore connue que par cinq exemplaires : trois africains, dont un en peau, de l'Afrique Nord-Est, conservé au Musée de Berlin, le type de l'espèce, et mes deux en alcool, de Ouargla, conservés l'un dans ma collection et l'autre dans celle du Musée de Gênes; et deux asiatiques provenant de Gilgit (Himalaya), dont le plus ancien, en peau, conservé au Musée de Londres, a servi à la description de Dobson (*Cat. Chir.* [1878], 182); l'autre est dans l'alcool et appartient à M. Dobson. Entre la forme asiatique et la forme africaine, Dobson a signalé des différences qu'il n'a pas regardées comme spécifiques (in *Bull. Soc. zool. Fr.* [1880], 232)[1].

Ordre II. INSECTIVORES.

Famille III. MACROSCÉLIDÉS.

Genre 5. MACROSCELIDES.

Macroscelides A. Smith [1829].

1. M. Rozeti.

Rozeti Duvernoy in *Mém. Soc. Hist. nat. Strasb.* [1832]; Lataste *Mamm. Barb.* [1885], sp. 19. — Rat à trompe[2].

Feriana, un jeune sujet (Dr Robert). M. Valery Mayet m'écrit qu'il a aussi rapporté cette espèce du Djebel Bou-Hedma. J'avais eu précédemment l'occasion de signaler l'habitat tunisien du Macroscélide de Rozet, d'après un sujet recueilli dans la région des Chotts par l'expédition Roudaire (Lataste in Roudaire *Rapport sur la dernière Expédition des Chotts* [1881], 174).

L'espèce a été décrite par Duvernoy (*loc. cit.*), d'après un sujet provenant des environs d'Oran (Algérie). Loche l'a indiquée à Aïn-el-Ibel, à Aïn-Oussera et à Djelfa (*loc. cit.*, sp. 54). Je l'ai moi-même observée à Laghouat et à Bou-Saada, en 1880, et à Oran et à Batna, en 1881. Elle est sans doute répandue dans toute

---

(1) Postérieurement à la publication de mon *Catalogue des Mammifères de Barbarie* et quand le présent travail était déjà entre les mains de M. le Dr Cosson, président de la Mission de l'exploration scientifique de la Tunisie, ont paru les articles de Kobelt sur les Mammifères de Barbarie (*Die Saügetiere Nordafrikas* in *Der Zoologische Garten*, juin, juillet, août et octobre 1886). Dans la liste des espèces de cette faune (*loc. cit.*, 171) Kobelt inscrit deux Chiroptères, *Nyctinomus Cestonii* Savi et *Synotus barbastellus* Schreber, qui ne sont pas compris dans mon *Catalogue*; mais, à l'appui de cette indication, il ne fournit aucune observation personnelle et ne produit aucun témoignage. Or le *Nyctinomus Cestonii* n'est pas cité de Barbarie par les catalogues les plus récents, ni par celui de Dobson (*Cat. Chir.* [1878], p. 423), ni par celui de Trouessart (*Cat. Mamm., Chiroptères* [1879], sp. 532). Quant au *Synotus barbastellus*, Dobson (*loc. cit.*, 177) se borne à dire qu'il se rencontre *probablement* dans l'Afrique Nord. Trouessart, il est vrai (*loc. cit.*, sp. 556), le cite positivement en Algérie; mais à M. le Dr Trouessart, comme à M. le Dr Kobelt, je demanderai dans quelle collection on peut voir un échantillon de l'espèce de provenance algérienne ou barbaresque authentique. Il me paraît très vraisemblable que ces deux espèces, ainsi que beaucoup d'autres, devront être un jour ajoutées à la liste barbaresque; mais, pour faire ces additions, on doit attendre, ce me semble, d'avoir positivement constaté leur présence en Barbarie.

(2) Les Arabes appellent cette espèce *Far telke'el* à Laghouat, *Dr'ar* à Biskra.

la région des Hauts-Plateaux et dans quelques parties du Tell, du côté d'Oran. Gervais l'a même signalée aux environs de Bône, mais cette indication demanderait à être confirmée.

Famille IV. **ÉRINACÉIDÉS.**

Genre 6. **ERINACEUS**[1].

Erinaceus Brisson *Regn. anim.* [1756], 22.

1. E. Algirus.

Algirus Duvernoy in *Mém. Soc. Hist. nat. Strasb.* [1840]; Dobson *Mon. Insectiv.*, part. 1 [1882], 12 (pour les caractères extérieurs seulement); Lataste *Mamm. Barb.* [1885], sp. 20. —*fallax* Dobson *Mon. Insectiv.*, part. 1 [1882], 9. — Hérisson d'Algérie.

Un sujet de Zarzis (Arad) et un de Tozzer (Blad-el-Djerid).

L'espèce a été décrite, par Duvernoy, d'après un sujet rapporté d'Oran en Algérie par le capitaine Rozet. Je l'ai recueillie, en 1880. à Kerrata dans le Chabet-el-Akra, et M. le Dr Hagenmüller me l'a envoyée de Bône. Plus récemment, je l'ai reçue de Tanger dans le Maroc (envoi de M. H. Vaucher). Dobson l'a déjà signalée en Tunisie, et il a cité la Tripolitaine parmi les localités de son *E. fallax*, qui doit être réuni à l'espèce qui nous occupe (voir plus bas). Celle-ci est donc répandue dans toute la Barbarie, depuis l'Océan jusque dans la Tripolitaine et depuis la Méditerranée jusque dans quelques oasis du Sahara.

2. E. deserti.

deserti Loche *Cat. Mamm. Algérie* [1858], 20, et *Expl. sc. Alg. Mamm.* [1867], sp. 56; Dobson *Mon. Insectiv.*, part. 1 [1882], 12; Lataste *Mamm. Barb.* [1885], sp. 21.— *Algirus* Dobson *Mon. Insectiv.*, part. 1 [1882], 12 (pour le crâne seulement). — Hérisson du désert.

Oasis d'Aram et de Bougrara, dans l'Arad; oasis de Tozzer, dans le Blad-el-Djerid; Gafsa. M. Valery Mayet m'a communiqué des piquants d'un Hérisson, rapporté de Bir Marabot, qui doivent être aussi attribués à cette espèce.

En Algérie, j'avais recueilli la même espèce, en 1880, à Ouargla et à Laghouat. Elle est sans doute répandue dans tout le Sahara barbaresque.

M. G.-E. Dobson a décrit les caractères extérieurs et la myologie de son *Erinaceus Algirus* d'après un sujet en alcool, du Chabet-el-Akra (Kabylie orientale), et un vivant, de Bône, que je lui avais envoyés et qui appartenaient bien à cette espèce; mais il en a décrit le crâne d'après un *Erinaceus deserti*, de Laghouat, dont je n'avais rapporté que le squelette, et que j'avais pris d'abord, avant toute étude, pour un *Erinaceus Algirus :* c'est sous ce nom erroné que je le lui avais adressé. M. Dobson fut ainsi amené à regarder comme appartenant à une espèce nouvelle, qu'il décrivit sous le nom d'*Erinaceus fallax*, des Hérissons de Tunisie et de Tripolitaine dont le facies extérieur rappelait de très près celui des Hérissons de Bône et de Kabylie, mais dont le crâne s'éloignait considérablement de celui du Hérisson de Laghouat. Depuis lors, ayant eu l'idée d'extraire le crâne du sujet de

---

[1] Les Arabes donnent aux Hérissons le nom de *Gomfout.*

la Kabylie orientale qu'avait étudié M. Dobson et qui m'avait été retourné (le sujet de Bône avait été offert par M. Dobson, à qui je l'avais donné, à la ménagerie du Jardin zoologique de Londres), je me suis aperçu de l'erreur. Ce crâne présente tous les caractères assignés par M. Dobson au crâne de son *Erinaceus fallax*, et il est d'ailleurs semblable aux crânes des Hérissons de Zarzis et de Tozzer, en Tunisie, que j'ai mentionnés plus haut sous le nom d'*Erinaceus Algirus*, et qui répondent exactement aussi à la description de l'*Erinaceus fallax* Dobs. [1].

Famille V. SORICIDÉS.

Genre 7. CROCIDURA.

Crocidura Wagler [1832]. — *Sorex* Duvernoy [1834] (*nec* Linné [1858], *nec* Wagler [1834]). — *Pachyura* Sélys *Micromamm.* [1839], 32.

1. C. Araneus.

Araneus Schreber *Saüg.*, III [1777], 379, tab. 160 (*non* Linné *Syst. Nat.* ed. 12 [1766], 74); Lataste *Mamm. Barb.* [1885], sp. 22. — *leucodon* Hermann in Zimmerman *Geograph. Gesch.*, II [1780], 382. — *suaveolens* Pallas *Zoogr. Rosso-Asiat.*, I [1811], 134, tab. 9, fig. 2; Lataste *Mamm. Barb.* [1885], sp. 23. — *Mauritanicus* Pomel in *Compt. rend. Ac. Sc.* [1856], 652. — La Musaraigne.

Un sujet, dont la localité n'a pas été notée, recueilli par M. le Dr Cosson pendant la Mission de l'exploration scientifique de la Tunisie, en 1883. J'avais eu antérieurement l'occasion de signaler cette espèce en Tunisie, d'après un sujet recueilli dans la région des Chotts par l'expédition Roudaire (in Roudaire *Rapport sur la dernière Expédition des Chotts* [1881], 174).

Elle avait été indiquée en Algérie par Pomel (*loc. cit.*) et par Loche (*Expl. sc. Alg. Mamm.* [1867], sp. 50). M. le Dr Hagenmüller m'en a envoyé deux sujets, pris, l'un au Djebel Thaya près de Guelma et l'autre aux environs de Bône, et, en 1880, M. le Prof. Ign. Bolivar m'en a donné deux autres qu'il venait de recueillir sur la montagne des Beni-Salah, au-dessus de Blidah. L'espèce existe aussi au Maroc, car je l'ai récemment reçue de Tanger (don de M. H. Vaucher). D'après Trouessart (*Cat. Mamm.*, *Insectivores*, sp. 967), elle habite l'Europe méridionale et moyenne, une partie de l'Asie et le nord de l'Afrique.

Le *Crocidura leucodon* est une simple variété de cette espèce; on ne peut le caractériser que par des différences purement extérieures et fort peu importantes : une coloration plus foncée du dos, qui tranche avec une teinte plus claire des faces inférieures, et une queue un peu plus courte. Il a été signalé en Algérie, mais à tort, je crois, par Trouessart (in *Bull. Soc. Études sc. Angers* [1880], 179).

Dans mon *Catalogue des Mammifères de Barbarie*, je regardais le *C. suaveolens* Pallas [1811] et le *C. Etrusca* Savi [1822] comme désignant une seule et même espèce, et je rapportais à celle-ci mes deux sujets de Blidah ainsi que le sujet trouvé en Tunisie par M. le Dr Cosson. Depuis lors, M. le Dr G.-E. Dobson,

---

[1] Voir, sur les caractères distinctifs des *Erinaceus Europæus*, *Algirus*, *Libycus* et *deserti*, le supplément, p. 39.

qui prépare la troisième partie, comprenant la famille des Soricidés, de sa belle *Monographie des Insectivores* et à qui j'ai communiqué toutes les Musaraignes de ma collection, m'a écrit qu'il rapportait le *C. suaveolens* Pallas [1811], ainsi que les sujets précités de Barbarie[1], à l'espèce *C. Araneus* Schreber [1777], mais qu'il regardait le *C. Etrusca* Savi [1822] comme une espèce parfaitement distincte, comprenant le *C. Madagascariniensis* Coquerel [1848] et le *C. Perrotteti* Duvernoy [1842] et s'étendant, par suite, à travers toute l'Afrique, jusqu'à Madagascar, et, à travers l'Asie, jusque dans l'Inde. L'autorité de M. le Dr G.-E. Dobson me paraît assez solidement établie pour que je n'éprouve aucune répugnance à accepter sa manière de voir; l'absence de mes matériaux, encore entre ses mains, ne me permet pas, d'ailleurs, de me faire actuellement une opinion exclusivement personnelle à cet égard. Mais je ne saurais dire, pour le moment, si c'est au *C. Araneus* ou au *C. Etrusca*, dont la présence en Barbarie devient ainsi très vraisemblable, qu'il convient de rapporter les petites Musaraignes d'Algérie mentionnées sous les noms suivants : *Sorex Etruscus* Coquerel (in *Ann. Sc. nat.*, sér. 3, *Zool.* IX [1848], 195), *Sorex Etruscus* Gervais (*Mamm.*, I [1854], 243), *Sorex agilis* Levaillant (*Expl. sc. Alg. Mamm.*, tab. 4, fig. 2), *Pachyura pygmæa* Loche (*Expl. sc. Alg. Mamm.* [1867], sp. 52).

Ordre III. CARNIVORES.

Famille VI. CANIDÉS.

Genre 8. CANIS.

Canis Klein *Quadrup.* [1751], 68; Brisson *Regn. anim.* [1856], 22. — *Lupus* Klein *Quadrup.* [1751], 69. — *Vulpes* Klein *Quadrup.* [1751], 71.

Sous-genre *Canis*.

Canis Klein *Quadrup.* [1751], 68. — *Lupus* Klein *Quadrup.* [1751], 69; Gray in *Proc. zool. Soc. Lond.* [1868] et *Cat. Carniv.* [1869]. — *Lupulus* Blainville [1830]. — *Thous, Sacalius* H. Smith [1839]. — *Dieba* Gray *Cat. Carniv.* [1869].

1. C. aureus.

aureus Linné *Syst. Nat.*, ed. 10 [1858], 59; Lataste *Mamm. Barb.* [1885], sp. 27. — Le Chacal, *Zib*, *Belgassoum*.

Bien que je n'en aie rapporté aucun sujet et que je ne puisse désigner aucune localité particulière où elle ait été capturée, l'espèce est certainement aussi com-

[1] M. le Dr Dobson m'écrit que, pour le moment et jusqu'à plus ample informé, il considère les sujets de Blidah (il n'a pas examiné celui de Tunisie, qui appartient au Muséum de Paris) comme constituant une petite variété de l'espèce *C. Araneus*, variété caractérisée non seulement par sa taille plus petite, mais encore par ses oreilles plus nues, par ses pieds plus velus et, surtout, par sa troisième incisive supérieure plus grosse et plus longue que la canine, celle-ci ayant aussi une base bien plus courte en arrière; ces caractères de denture se retrouvent sur les deux sujets, qui sont jeunes tous deux, mais dont l'un commence à montrer quelque trace d'usure à ses dents.

mune en Tunisie qu'elle l'est en Algérie. On la trouve dans la Barbarie entière, où elle a été signalée par tous les auteurs qui ont traité des Mammifères de cette région. Il est à remarquer cependant qu'elle ne dépasse guère, au sud, le Tell et les Hauts-Plateaux; du moins, dans la partie du Sahara que j'ai explorée, je ne me suis jamais aperçu de sa présence, malgré de nombreuses nuits passées à la belle étoile, et les Arabes ne m'en ont jamais présenté aucun sujet.

D'après Trouessart (*Catal. Mamm., Carnivores* [1886], sp. 2527), le Chacal se trouve dans toute l'Afrique, de la Barbarie au cap de Bonne-Espérance, dans l'Europe sud-orientale et dans l'Inde; mais, tant que les formes nombreuses, espèces ou variétés, qui dépendent de cette espèce ou gravitent autour d'elle n'auront pas été suffisamment débrouillées et caractérisées, l'habitat de chacune d'elles ne saurait être nettement délimité.

2. C. Anthus.

Anthus Fréd. Cuvier *Hist. nat. Mamm.* (cum tabula).

Cette forme, sur la valeur de laquelle je suis actuellement, faute de matériaux, hors d'état de me prononcer, a été décrite, par Fr. Cuvier, d'après un sujet femelle provenant du Sénégal.

Elle a été signalée depuis, en Tunisie et en Algérie, par Gray (in *Proc. zool. Soc. Lond.* [1868], 502). J'ai oublié de la citer dans mon *Catalogue des Mammifères de Barbarie.* — L'espèce africaine du genre *Canis*, habitant le désert du Sahara et certaines vallées de l'Atlas (in *Compt. rend. Ac. Sc.* [1836], 51, et *Ann. Sc. nat.* [1836], 156), trop brièvement décrite par Bodichon, doit, sans doute, être rapportée à la même forme [1].

---

[1] Je n'ai dans ma collection que deux crânes de Chacals d'origine barbaresque. L'un (n° 966) a été rapporté de Daya, en 1875, par M. L. Bedel; l'autre (n° 3307) m'a été envoyé de Bône par M. le Dr Hagenmüller; tous deux sont d'adultes; le dernier est un peu incomplet en arrière. Or ces deux crânes diffèrent grandement l'un de l'autre :

1° L'incisive supérieure externe de l'un (3307) présente, sur son bord interne, une denticulation que l'autre (966) ne montre pas.

2° Les deuxièmes et troisièmes prémolaires supérieures de l'un (3307) portent deux denticulations très nettes derrière la pointe principale, tandis que les mêmes dents de l'autre (966) ne montrent qu'une seule denticulation à la même place.

3° Les prémolaires supérieures de l'un (3307) sont plus petites que celles de l'autre (966); ainsi le diamètre antéro-postérieur de la troisième prémolaire du premier sujet est un peu inférieur au même diamètre de la deuxième prémolaire du second.

4° La première tuberculeuse supérieure de l'un (3307) supporte quatre pointes sur sa surface triturante (sans compter la saillie, plus ou moins échancrée au milieu, de son bord interne); tandis que la même dent de l'autre (966) supporte cinq pointes, une petite pointe supplémentaire se trouvant intercalée aux deux antérieures.

5° Les tuberculeuses supérieures de l'un (3307) sont beaucoup plus développées dans leur partie interne que celles de l'autre (966), d'où il résulte que :

a. La distance réciproque des deux tuberculeuses antérieures est, chez l'un (3307), bien inférieure, et, chez l'autre (966), à peu près égale à la longueur antéro-postérieure des deux.

b. Le diamètre antéro-postérieur de la tuberculeuse antérieure est, chez l'un (3307), considérablement plus petit que son diamètre transversal et à peine égal au diamètre transversal de la suivante, tandis que, chez l'autre (966), il est au moins égal à son diamètre transversal et beaucoup plus grand que le diamètre transversal de la tuberculeuse postérieure.

Sous-genre *Vulpes*.

Vulpes Klein *Quadrup.* [1751], 71; Gray in *Proc. zool. Soc. Lond.* [1868]. — *Fennecus* Gray *ibid.*

3. C. Niloticus.

Niloticus Geoffroy *Cat. Mamm. Mus.* [1803?]; Cretzschmar in Rüppel *Atlas* [1826], 41, tab. 15; Hemprich et Ehrenberg *Symb. phys.* [1833], tab. 19, fig. 1 et 2; Loche *Expl.*

6° Simultanément, le lobe interne de la tuberculeuse postérieure est beaucoup moins recourbé en dedans et en arrière chez l'un (3307) que chez l'autre (966).

7° Les os nasaux de l'un (3307) sont aigus au sommet et atteignent le niveau supérieur des maxillaires, comme dans la figure de Blasius (*Säug. Deutschl.* [1857], fig. 113), tandis que ceux de l'autre sont arrondis au sommet et remontent bien moins haut que les maxillaires.

8° Le museau de l'un (3307) est plus court que celui de l'autre (966). Ainsi, la distance du bord postérieur de l'alvéole de l'incisive médiane au bord postérieur du trou incisif du même côté est, chez le premier, sensiblement inférieure, et, chez l'autre, sensiblement supérieure au diamètre antéro-postérieur de la carnassière.

9° Les os palatins forment une partie de la voûte palatine relativement bien plus faible chez l'un (3307) que chez l'autre (966); ainsi, chez le premier, leur suture commune inféro-médiane n'a pas la moitié de la longueur des sutures inféro-médianes des os maxillaires et incisifs, tandis qu'elle est beaucoup plus longue chez le dernier.

Voilà, certes, des différences assez considérables; je n'oserais pourtant pas affirmer que les deux crânes qui les présentent soient d'espèces distinctes; car : I°. si j'avais à ma disposition des matériaux plus abondants, j'observerais peut-être de nombreuses formes intermédiaires; et, II°, d'autre part, il ne m'est pas possible de reconnaître avec quelque certitude, dans l'un ou l'autre de mes deux crânes, quelqu'une des formes diverses dénommées par les auteurs. Ainsi :

I°. Un troisième crâne de Chacal (n° 968, jeune, acheté, chez un marchand naturaliste de Paris, comme étant de *Renard de France!*) présente, comme le n° 966, l'incisive supérieure externe simple, la tuberculeuse antérieure d'en haut à quatre pointes, la distance du bord postérieur de l'alvéole de l'incisive interne au bord postérieur du trou incisif du même côté plus grande que le diamètre antéro-postérieur de la carnassière et la suture inféro-médiane des os palatins plus longue que la moitié des sutures réciproques des maxillaires et incisifs, tandis qu'il se rapproche du n° 3307 par les deux denticules postérieurs, moins nets, il est vrai, et par les petites dimensions de ses prémolaires supérieures, par le développement moins exagéré des lobes internes des deux tuberculeuses supérieures et par la forme et la situation des sommets de ses os nasaux. Par la forme de sa tuberculeuse postérieure, laquelle est moins élargie transversalement et moins recourbée en dedans et en arrière, le n° 968 se distingue à la fois des n°s 3307 et 966.

II°. Si nous attachons la plus grande importance aux caractères présentés par les dents tuberculeuses supérieures, nous pouvons distinguer ainsi les formes de Chacals figurées et dénommées par Blainville (*Ostéographie, Canis*, pl. XII) :

a. Le plus grand diamètre antéro-postérieur de la tuberculeuse antérieure est inférieur au plus grand diamètre transversal de la tuberculeuse postérieure... *Canis aureus Barbarus.*
Ces deux mesures sont dans un rapport inverse............ *b.*

b. Bord antérieur de la tuberculeuse antérieure nettement excavé entre sa partie externe et son lobe interne.............. *c.*
Ce même bord, au même point, renflé, ou, du moins, nullement excavé.................................... *Canis aureus Capensis.* / *Canis aureus Indicus.*

c. Lobe externe de la tuberculeuse postérieure plus court (d'avant en arrière) que son lobe interne...................... *Canis aureus Senegalensis.*
Les mêmes mesures dans un rapport inverse............... *Canis aureus Morcoticus.*

Mon n° 3307, de Bône, correspondrait alors au *Canis aureus Barbarus* de Blainville et mes n°s 966, de Daya, et 968, d'origine inconnue, à son *Canis aureus Morcoticus.*

Gray (*Cat. Carnir.* [1869], 188) réunit, sous le nom unique de *Canis aureus*, les *C. Bar-*

sc. Alg. Mamm. [1867], sp. 4; Lataste *Mamm. Barb.* [1885], sp. 29. — ***Vulpes*** Audouin *Descript. Égypte*, XXIII [1828], 215 (crâne figuré par Savigny, *Suppl.*, tab. 1, fig. 6). — ***Vulpes*** var. ***Atlantica*** A. Wagner in M. Wagner *Reis. Regentsch. Alg.*, III [1841], 31, et *Atlas*, tab. 3. — ***Le Renard d'Algérie*** Fr. Cuvier fils *Hist. nat. Mamm.* [1839] (cum tabula). — ***Algeriensis*** Loche *Expl. sc. Alg. Mamm.* [1867], sp. 3. — ***famelicus*** Lataste *Mamm. Barb.* [1885], 95 (le sujet de Gafsa seulement). — Le Renard d'Algérie, ***Thaleb.***

J'ai rapporté de Gafsa un très jeune sujet de cette forme, et j'en ai reçu un autre individu de Metameur dans l'Arad (don de M. le capitaine Rebillet).

M. le Dr Hagenmüller m'en a envoyé trois autres sujets des environs de Bône (Algérie), deux représentés seulement par le crâne, un troisième par le crâne et la peau. Ce Renard, d'après Loche, est très rare dans le massif d'Alger, mais il se rencontre tout autour. Il existe aussi dans le Maroc, car j'ai reçu tout récemment le crâne d'un sujet tué aux environs de Tanger (don de M. H. Vaucher). D'ailleurs il s'étend, bien au delà des limites de la Barbarie, jusque dans la Haute-Égypte. Rochebrune (in *Act. Soc. Linn. Bord.* [1883], 140) l'indique même comme assez commun au Sénégal; mais les indications de cet auteur ne sauraient être acceptées sans vérification.

J'ai discuté ailleurs (*Mamm. Barb.* [1885], 97) la valeur de cette forme et ses rapports avec l'espèce commune d'Europe (*Canis Vulpes* L.). J'espérais alors trouver dans la mesure du pied un bon caractère distinctif entre les deux; mais l'examen du sujet que j'ai depuis reçu de Bône (nos 3255 et 3256) a détruit cette illusion. Bien que le squelette osseux des pieds de ce sujet ne soit pas complet et qu'il y manque des deux côtés le calcanéum, il est aisé de retrouver, sur la peau, la place du talon; or j'ai pu m'assurer, sur cette peau, quand elle était encore en alcool, que la longueur du pied était d'au moins douze centimètres, et, si je juxtapose ce pied à celui d'un Renard de France (n° 2896) à peu près du même âge, je constate que les deux ont sensiblement les mêmes dimensions. Quant

---

barus et *Morcoticus* de Blainville; mais ces paroles «the upper hinder tubercular grinders rather larger in comparison with the other grinders. They are perhaps different species» (*loc. cit.*, p. 189) ne me permettent pas de douter que Gray ait eu entre les mains et qu'il ait compris sous le nom d'*aureus* la forme représentée sous mes yeux par le n° 3307, de Bône. Le n° 966, de Daya, pourrait alors correspondre au *Dieba Anthus* de Gray, espèce plus commune en Barbarie que la précédente, d'après cet auteur, et se rencontrant aussi au Sénégal, en Égypte et en Nubie.

En terminant ces indications relatives à un problème dont je ne puis, pour l'instant, fournir la solution, je ferai remarquer que le crâne figuré par Blainville (*loc. cit.*, tab. 5), sous le nom de *Canis aureus Morcoticus*, diffère beaucoup, par sa forme générale, des trois crânes de Chacals que j'ai sous les yeux. Cette forme est presque ovalaire sur la figure, tandis qu'elle est plus ou moins triangulaire sur mes sujets, la différence d'aspect tenant surtout à ce que les arcades zygomatiques, plus écartées à leur origine antérieure, divergent d'abord puis convergent plus progressivement sur la figure; en outre, sur celle-ci, la boîte crânienne, moins rétrécie en avant, moins élargie en arrière, est aussi plus ovalaire, et le nez est beaucoup plus large et plus court; les os nasaux se prolongent bien moins loin sur le front que les maxillaires. Il y a lieu de supposer que toutes ces différences tiennent surtout à des inexactitudes de dessin; cela paraît être l'opinion de Gray (*loc. cit.*), et, d'ailleurs, la figure donnée par Blasius (*Säug. Deutschl.* [1857], fig. 113) diffère, sur tous les points susindiqués, de celle publiée par Blainville, tandis qu'elle concorde bien avec les sujets que j'ai en ma possession.

au caractère que j'avais cru trouver dans les proportions différentes de la queue (*loc. cit.*, 42) et qui d'ailleurs me laissait des doutes sérieux (*loc. cit.*, 98), je dois aussi l'abandonner : la queue du sujet de Metameur, qui m'avait servi à la comparaison, était certainement incomplète, et celle du sujet de Bône, quand on la rabat sur le dos, s'étend jusqu'au niveau des épaules. Pour les proportions de la queue, comme pour celles du pied, le *Canis Niloticus* ne diffère pas du *Canis Vulpes.*

La comparaison des dimensions des crânes de l'une et de l'autre forme conduit à une conclusion semblable. J'ai sous les yeux cinq crânes de Renards barbaresques (de Bône en Algérie, de Metameur en Tunisie et de Tanger dans le Maroc) et sept de Renards d'Europe (de France, d'Italie, de Sardaigne, de Danemark). Les crânes de Barbarie sont, il est vrai, plus petits que ceux d'Europe; mais, entre mes plus gros crânes barbaresques (n°s 2527 et 3255) et cinq crânes de Sardaigne, d'Italie, de France (n°s 3014, 3023, 3021, 2492, 2895), il y a certainement moins de différence, sous ce rapport, qu'entre ces derniers et mes deux plus gros crânes européens, qui proviennent l'un de la Camargue et l'autre du Danemark (n°s 2942, 2976).

Enfin l'examen des peaux fournit des résultats analogues. J'en ai actuellement six sous les yeux, deux de sujets barbaresques (n° 3016, de la Tunisie méridionale, et n° 3256, du littoral algérien), et quatre de sujets européens (n° 2896, du sud-ouest, et n° 2943, du sud-est de la France, n° 3024, de Sardaigne, et n° 3022, d'Italie). Or, entre la robe, obscure, tirant sur le brun, de ces trois derniers et celle du précédent, qui tire sur le rouge, il y a plus de différence qu'entre celle-ci et celle du sujet algérien; en outre, celui-ci diffère davantage, sous le même rapport, du sujet tunisien que de celui du sud-ouest de la France. L'algérien tend vers le rouge, comme ce dernier; il est seulement un peu plus clair, avec une légère tendance au jaune, et ses mains et ses pieds sont rouges en dessus, non bruns; sa nuance rappelle de très près celle du Renard rouge d'Amérique (n° 2805). Quant au tunisien, sa teinte est, à la fois, plus claire et plus grise; sa robe semble dériver de celle des sujets italiens, fortement éclaircie, tandis que la robe de l'algérien dériverait plutôt de celle du sujet du sud-ouest de la France.

J'ai cependant fini par trouver, dans la denture et dans la forme d'une partie du crâne, deux caractères qui me semblent assez nets et assez constants pour établir enfin *a posteriori* la distinction spécifique du Renard d'Europe et de celui du nord de l'Afrique.

1° Le palais du *C. Niloticus* est plus étroit et ses dents tuberculeuses supérieures sont plus développées; de telle sorte que *la distance réciproque des deux tuberculeuses antérieures est, chez le C. Niloticus, toujours sensiblement et parfois beaucoup inférieure, tandis qu'elle est, chez le C. Vulpes, toujours considérablement supérieure à la longueur du bord externe de l'ensemble des deux tuberculeuses de chaque côté.* Ce caractère est vérifié sur tous mes échantillons, tant du *C. Niloticus* (n°s 2527, 2528, 2977, 3255 et 3388) que du *C. Vulpes* (n°s 2492, 2895, 2976, 2942, 3014, 3021 et 3023). J'ajouterai que le *C. famelicus* (n° 1439), du Sahara, se comporte, sous ce rapport, comme le *C. Niloticus*, tandis que le *C. fulvus* (n° 2804), de l'Amérique septentrionale, se range, au contraire, avec le *C. Vulpes.* Je regrette que l'insuffisance de mes matériaux ne me permette pas de rechercher et d'indiquer aussi des différences dentaires entre les *C. Niloticus* et *famelicus*, d'une part, comme entre les *C. Vulpes* et *fulvus*, d'autre part.

Il y a, d'ailleurs, d'autres différences, dans la forme et dans les proportions des dents, entre les Renards d'Europe et ceux d'Algérie; mais ces différences me paraissent moins nettes et, surtout, d'une expression plus difficile que celles que j'ai indiquées ci-dessus.

2° Les bulles osseuses du *C. Niloticus* sont beaucoup plus développées que celles du *C. Vulpes*. Ainsi, *leur extrémité antérieure dépasse considérablement, chez le C. Niloticus, tandis qu'elle est loin d'atteindre, chez le C. Vulpes, le niveau postérieur des cavités glénoïdes.* Ce caractère est vérifié, comme le précédent, sur tous les sujets de ma collection. Les bulles osseuses sont généralement plus développées chez les jeunes que chez les adultes, chez les petits que chez les gros sujets; mais la règle, telle que je l'ai formulée, n'en demeure pas moins applicable aux uns et aux autres. L'extrémité postérieure de la bulle, comme l'antérieure, est aussi plus prolongée chez le *C. Niloticus* que chez *C.* le *Vulpes;* mais, dans ce cas, l'absence d'un point de repère commode m'a empêché d'établir une formule analogue à la précédente[1].

4. C. Zerda.

Zerda Zimmerman *Geograph. Gesch.*, II [1783], 242. — *Cerdo* Gmelin *Syst. Nat.*, I [1789], 75; Lataste *Mamm. Barb.* [1885], sp. 28. — *Brucei* Desmarest *Mamm.* [1820], 235. — *Fennecus* Lesson *Man. Mamm.* [1827], sp. 444. — *Zaarensis* Gray in *Proc. zool. Soc. Lond.* [1868], 519. — Le Fennec, *Fenek.*

J'ai vu plusieurs jeunes Fennecs vivants chez M. le lieutenant de Fleurac, chef du bureau de renseignements, à Tozzer.

Le Fennec est répandu dans tout le Sahara. En 1880, en Algérie, j'en ai vu détaler un, auprès de la grotte du Sultan, aux environs d'Ouargla, et j'ai rapporté le crâne d'un sujet provenant des environs d'Ouargla et la dépouille d'un autre que j'avais acheté vivant à Biskra.

En dehors de la Barbarie, l'espèce est signalée en Égypte, en Nubie, dans le Kordofan, le Sennaar, le Fezzan, ainsi qu'en Arabie. C'est le voyageur Bruce qui, le premier, l'a fait connaître; il s'en était procuré, à Alger, un sujet venant de Biskra, à Tunis, un sujet venant de Ghadamès, et, à Sennaar, un sujet des environs de cette ville (*Voy. aux Sources du Nil,* trad. Londres [1792], p. 202 et suiv.).

---

[1] Quant au *Canis melanogaster* Bonaparte, dont les variations de taille dépassent dans les deux sens, du moins dans ma collection, celles du *Canis Vulpes,* je ne puis le considérer, tout au plus, que comme une simple variété de pelage de cette dernière espèce. Il n'en serait pas moins intéressant de préciser son habitat. C'est à cette forme que je rapporte mes trois sujets de Sardaigne, d'Italie et de la Camargue.

Famille VII. **HYÉNIDÉS.**

Genre 9. **HYÆNA.**

Hyæna Brisson *Regn. anim.* [1756], 22.

1. H. Hyæna.

Hyæna L. *Syst. Nat.*, ed. 10 [1858], 58; Lataste *Mamm. Barb.* [1885], sp. 31. — *striata* Zimmerman *Spec. Zool. geogr.* [1778]. — *vulgaris* Desmarest *Mamm.* [1820], 215. — L'Hyène rayée, *Debad.*

J'ai vu vendre à Tunis une dépouille d'Hyène qui provenait des environs, et j'ai rencontré des excréments de cette espèce dans plusieurs localités de la Tunisie méridionale. Citée par tous les auteurs qui ont traité des Mammifères de Barbarie, l'Hyène rayée est répandue dans toute cette région.

Elle s'étend, en Afrique, jusqu'au Sénégal, et, en Asie, jusque dans l'Inde.

Famille VIII. **FÉLIDÉS.**

Genre 10. **CYNAILURUS.**

Cynailurus Wagler [1830]. — *Guepardus* Duvernoy [1834]. — *Cynofelis* Lesson [1842].

1. C. guttatus.

guttatus Hermann *Obs. zool.*, I [1804], 38; Lataste *Mamm. Barb.* [1885], sp. 32. — Le Guépard, *Fehed.*

Valery Mayet raconte (*Voyage dans le Sud de la Tunisie* [1886], 87, in *Soc. languedoc. Géogr.*) qu'il a vu, aux Aïeïcha, la peau d'un Guépard qu'on venait de tuer dans le Nefzaoua, au sud des Chotts. D'autre part, M. Letourneux m'a affirmé avoir vu à Douz, dans la même région, en 1886, la peau d'un autre sujet récemment tué par les Merazig.

Le Guépard avait déjà été cité en Algérie par Pomel (in *Compt. rend. Ac. Sc.* [1856], 655), d'après un sujet tué à Sebdou, et, antérieurement, il avait été mentionné par Shaw, sous le nom de Faadh (*Voyage*, I [1743], 317). Il est répandu dans tout le Sahara; en 1880, à Biskra, j'en ai vu un sujet captif, qui provenait du voisinage, et, à Ghardaïa, dans le Mzab, on m'en a offert, à vil prix, une peau que j'ai refusée parce qu'il lui manquait la tête et les extrémités.

L'espèce habite dans toute l'Afrique, du Kordofan au Sénégal et de la Barbarie au Cap; et si le *Guepardus jubatus* Schreber n'en est qu'une variété, elle est répandue aussi dans une grande partie de l'Asie méridionale, jusqu'aux Indes.

Genre 11. **FELIS.**

Felis Klein *Quadrup.* [1751], 74.

Sous-genre *Leo*

Leo Klein *Quadrup.* [1751], 81.

1. F. Leo.

Leo Linné *Syst. Nat.*, ed. 10 [1758]; Lataste *Mamm. Barb.* [1885], sp. 33. — Le Lion, *Sebâa*.

D'après M. le Dr Robert (*in litt.*), le Lion existe, en Tunisie, dans la forêt de Ghardimaou; M. le Dr Robert tient ce renseignement de la bouche de M. Mathieu, garde général des forêts, qui a entendu et dont deux employés ont vu le Lion dans cette localité. Guérin (*Voyage archéologique dans la Régence*) dit aussi avoir entendu le Lion dans les forêts de Pins d'Alep et de Chênes qui se trouvent entre Feriana et la vallée de la Medjerda[1].

L'espèce a été fort anciennement connue en Barbarie. A en juger par le nombre d'individus qu'en consommaient les jeux du cirque, elle devait être très abondante à l'époque romaine. Elle est très rare aujourd'hui, et j'ai pu, en trois voyages, parcourir l'Algérie et la Tunisie en différentes directions sans l'entendre rugir une seule fois. Il en reste cependant quelques couples dans les forêts de Guelma et sur d'autres points. D'après le relevé officiel des primes accordées pour la destruction des fauves, il a été tué en Algérie, en 1880, seize Lions ou Lionnes, en 1881, un Lion et cinq Lionnes, et. en 1882, trois Lions et une Lionne. La progression, comme on voit, est rapidement décroissante. Le nombre des Lions mâles et femelles, adultes et jeunes, détruits en Algérie pendant une période de onze ans, du 1er janvier 1873 au 24 décembre 1884, est de deux cent deux, dont aucun dans la province d'Oran, vingt-neuf dans la province d'Alger et cent soixante-treize dans la province de Constantine.

Le Lion se trouve en Afrique depuis la Méditerranée jusqu'au Cap et il se répand en Asie jusque dans l'Inde. Il varie plus ou moins dans ces différents habitats et les formes qu'il présente sont regardées, par certains auteurs, comme de simples variétés ou races locales, par d'autres, comme de véritables espèces distinctes.

Sous-genre *Pardus*.

Pardus Klein *Quadrup.* [1751], 77. — *Tigris* Klein *Quadrup.* [1751], 78; Geoffroy; Gray *Cat. Carniv.* [1869], 10. — *Leopardus* Gray *ibid.*

2. F. Pardus.

Pardus Linné *Syst. Nat.*, ed. 10 [1758], 41; Lataste *Mamm. Barb.* [1885], sp. 35. — La Panthère, *Nemeur*.

Guérin (*loc. cit.*) dit aussi avoir entendu la Panthère aux mêmes lieux que le Lion, entre Feriana et la plaine de la Medjerda.

Connue depuis aussi longtemps que le Lion en Barbarie, la Panthère servait, comme lui, aux jeux du cirque. Elle a disparu de même de beaucoup de localités; elle est cependant moins rare. Elle n'est pas rare dans la forêt de Mamora, près Rabat, au Maroc, d'après M. Grant. En Algérie, on la trouve dans les forêts de la grande et de la petite Kabylie, du côté de Bougie et de Djidjelli, et aussi dans

---

[1] Kobelt signale aussi la présence du Lion en Tunisie, dans les forêts qui s'étendent entre Ghardimaou et Souk-Harras (*Zool. Garten*, août 1886, p. 237).

les cercles de Guelma, de Bône, de La Calle, etc. D'après le relevé officiel des primes, les Panthères, adultes et jeunes, abattues en Algérie ont été au nombre de cent douze en 1880, de soixante-onze en 1881 et de quarante-huit en 1882. On voit, par ces chiffres, que, si le nombre de ces animaux est encore bien supérieur à celui des Lions, il n'en décroît pas moins rapidement. Dans une période de onze années, du 1er janvier 1873 au 24 décembre 1884, on a tué en Algérie douze cent quatorze Panthères, dont cent cinquante-deux dans la province d'Oran, deux cent soixante-deux dans la province d'Alger et sept cent quatre dans la province de Constantine.

La Panthère ou les Panthères, suivant qu'on regarde ces animaux comme formant une seule ou plusieurs espèces, sont répandues dans toute l'Afrique et dans une grande partie de l'Asie jusqu'aux îles de la Sonde.

Sous-genre *Lynx*.

Lynx Klein *Quadrup.* [1751], 76. — *Lyncus* Gray in *Proc. zool. Soc. Lond.* [1867], 275. — *Caracal* Gray in *Proc. zool. Soc. Lond.* [1867], 277.

3. F. Caracal.

Caracal Schreber *Saüg.*, III [1777], 413, tab. 110; Erxleben *Syst. Regn. anim.* [1777], 524; Gmelin *Syst. Nat.* I [1789], 82. — Le Caracal.

Entre Haïdra et Tebessa, dans le défilé qui fait communiquer en ce point l'Algérie et la Tunisie, le spahi qui nous accompagnait a poursuivi un Caracal qui s'était montré sur notre route; l'animal, il est vrai, était en territoire algérien, mais assez près de la frontière pour pouvoir l'atteindre et la dépasser dans chacune de ses chasses. D'ailleurs, l'espèce est trop répandue en Algérie pour manquer à la Tunisie.

Le Caracal a été signalé en Algérie par les premiers explorateurs, par Shaw, Poiret, etc.; on en voit fréquemment des dépouilles chez les selliers d'Alger et de Constantine, et j'en ai rapporté, en 1880, deux crânes provenant de sujets tués aux environs de Laghouat.

Il est répandu à travers l'Afrique entière et une partie de l'Asie, jusque dans l'Inde.

Levaillant (*Expl. sc. Alg. Mamm.*, tab. 1) a publié une belle figure de cette espèce.

Sous-genre *Felis*.

Catus Klein *Quadrup.* [1751], 75.

4. F. Serval.

Serval Schreber *Saüg.*, III [1777], 407, tab. 108; Lataste *Mamm. Barb.* [1885], sp. 36. — Le Serval ou Chat-Tigre.

M. Valery Mayet a soumis à mon examen une peau de cette espèce, qu'il avait achetée au marché de Tunis et qui provenait vraisemblablement des environs de cette ville. En outre, M. le Dr Robert m'écrit qu'il en a vu deux sujets vivants, au bureau de renseignements d'Aïn-Draham, qui provenaient des environs et appartenaient à M. le lieutenant Keck.

Le Serval a été cité en Barbarie par les premiers explorateurs. C'est la *Petite-Panthère* de Shaw, le *Chat-Tigre* de Poiret. Levaillant (*Expl. sc. Alg. Mamm.*, tab. 2) en a publié une belle figure. D'après Loche, on le trouve dans les trois provinces de l'Algérie. En 1880, j'en ai rapporté deux sujets des environs de Bougie, où il paraît commun. Son aire de dispersion s'étend, à travers les parties boisées de l'Afrique entière, jusqu'au Cap.

5. F. Libyca.

Libyca Olivier *Voy. Égypte*, III [1804], 71; Is. Geoffroy *Descript. Coll. Jacquemont* [1842-1843], 56; Levaillant *Expl. sc. Alg. Mamm.*, tab. 3; Loche *Expl. sc. Alg. Mamm.* [1867], sp. 16; Lataste *Mamm. Barb.* [1885], sp. 38. — *maniculata* Cretzschmar in Rüppell *Atlas*, tab. 1. — *caligata* Pomel in *Compt. rend. Ac. Sc.* [1856], 655. — *Margarita* Loche in *Rev. et Mag. zool.* [1858], 49, tab. 1, et *Expl. sc. Alg. Mamm.* [1867], sp. 19. — Le Chat ganté, le Chat botté, *Kot-el-Kla.*

C'est d'après un sujet de cette espèce recueilli à Gafsa que Bruce (*Voyage*, trad. Londres [1792], 228, tab. 39) a décrit le *Chat botté* et Buffon le *Caracal à oreilles blanches.* D'après les renseignements que j'ai obtenus des officiers occupant le pays, cette espèce est commune dans la Tunisie méridionale, à Gabès, à Zarzis, à Metameur, à Tozzer, etc. J'en ai vu un sujet empaillé à Metameur, et, depuis, M. le capitaine Rebillet m'en a envoyé un autre de la même localité; j'en ai acheté une peau incomplète chez les Matmata; enfin je m'en suis procuré un autre échantillon à Haïdra, en postant un Arabe, armé d'un fusil, auprès d'un monceau de ruines dans lesquelles j'avais vu se réfugier l'animal.

Isidore Geoffroy Saint-Hilaire avait établi sa description de *Felis Libyca* sur un sujet provenant de Tanger, dans le Maroc, et il avait aussi signalé l'espèce à Oran et dans les montagnes du Lion, en Algérie. Loche l'avait ensuite indiquée aux environs d'Alger, à Kouba-el-Ihoudi, ainsi qu'à Ngoussa, dans le Sahara. M. le Dr Hagenmüller me l'a envoyée des environs de Bône. Elle est donc répandue dans toute la Barbarie, de la Tunisie au Maroc et du littoral au Sahara.

La nuance de sa robe et la finesse de son pelage ne sont pas sans présenter des variations dans les différentes régions de cet habitat. La variété *Libyca* paraît propre au littoral; c'est elle qu'a décrite Geoffroy et que je possède de Bône; c'est elle aussi que j'ai reçue de Sardaigne, par M. le marquis Doria[1]. La variété *Margarita* a été décrite comme espèce par Loche, d'après un sujet tué à Ngoussa, dans le Sahara, et c'est elle que j'ai eue de Metameur et du pays des Matmata; elle paraît propre au Sahara. Quant à la variété *cristata*, que j'ai décrite d'après le sujet rapporté d'Haïdra, elle est peut-être purement individuelle.

En dehors de la Barbarie, le Chat ganté se trouve en Sardaigne, comme je l'ai dit plus haut. C'est sur un sujet d'Égypte qu'Olivier a créé l'espèce. Plus tard, Rüppel l'a retrouvée en Nubie et Geoffroy l'a signalée en Abyssinie. D'après Trouessart (*Cat. Mamm., Carnivores* [1886], sp. 2735), qui réunit au *Felis Libyca*

---

[1] Quand je regardais cette forme comme une variété de l'espèce *F. Libyca*, je n'avais pas sous la main, pour la comparaison, les sujets que j'ai depuis reçus de Bône (Algérie), par M. le Dr Hagenmüller.

[1804], sous cette dénomination postérieure, le *Felis Cafra* Desmarest [1822], ainsi que quelques autres formes, le Chat ganté occupe l'Afrique entière, de la Méditerranée au Cap, et s'étend à l'est jusqu'en Palestine.

Famille IX. VIVERRIDÉS.

Genre 12. GENETTA.

Genetta Brisson *Regn. anim.* [1756], 22; G. Cuvier *Règne animal*, I [1817], 156; Gray in *Proc. zool. Soc. Lond.*, II [1832], 63.

1. G. Genetta.

Genetta Linné *Syst. Nat.*, ed. 10 [1758]; Lataste *Mamm. Barb.* [1885], sp. 39; P. Gervais *Mamm.*, II [1855], tab. 16. — *vulgaris* Lesson *Man. Mamm.* [1827], 173; P. Gervais *Mamm.*, II [1855], 34. — *Afra* Fr. Cuvier *Hist. nat. Mamm.* [1825] (cum tabula); Duvernoy *Mém. Soc. Hist. nat. Strasb.* [1840]. — *Genetta* var. *Barbara* A. Wagner in M. Wagner *Reis.*, III [1841] et Atlas, tab. 5. — *Bonapartei* Loche in *Rev. et Mag. Zool.* [1857], 385 et tab. 13. — La Genette.

La présence de la Genette en Tunisie est indiquée explicitement par Trouessart (*Cat. Mamm.*, *Carnivores* [1886], sp. 2623).

Cette espèce a été signalée en Barbarie par Shaw, sous le nom de Shibbeardou ou Civette (*Voyage*, I [1743], p. 318), et, depuis, par beaucoup d'autres auteurs. Elle est commune en Algérie; en 1880, j'en ai rapporté deux crânes de Laghouat, sur les confins des Hauts-Plateaux et du Sahara, et, depuis, M. le Dr Hagenmüller m'a envoyé les crânes de deux autres sujets, tués au cap de Garde, près Bône. La Genette se trouve aussi au Maroc, où elle est citée par Gray (*Cat. Carniv.* [1869], 49).

En dehors de la Barbarie, elle se rencontre en France, en Espagne et dans la Turquie asiatique. Même, d'après Trouessart (*loc. cit.*), qui lui réunit spécifiquement un grand nombre de formes décrites par différents auteurs, elle occuperait l'Afrique entière, de l'océan Atlantique au Pacifique et de la Barbarie au Cap.

Genre 13. HERPESTES.

Ichneumon Lacépède in *Mém. Inst.*, III [1801], 492 (*non* Linné *Syst. Nat.*, ed. 12 [1766], 930). — *Herpestes* Illiger *Prodr. Syst. Mamm.* [1811], 135.

1. H. Ichneumon.

Ichneumon Linné *Syst. Nat.*, ed. 10 [1758], 43; Lataste *Mamm. Barb.* [1885], sp. 40. — *Pharaonis* Geoffroy *Descript. Égypte*, *Hist. nat.* [1812], 139. — *Numidicus* Fr. Cuvier *Mamm.* [1834]. — *Widdringtoni* Gray in *Ann. and Mag. nat. Hist.*, IX [1842], 50. — La Mangouste ou l'Ichneumon [1].

Comme la précédente, cette espèce est explicitement indiquée en Tunisie par Trouessart (*loc. cit.*, sp. 2650).

[1] Les Algériens désignent improprement cette espèce sous le nom de Raton.

Elle est également très commune en Algérie et ne manque pas davantage au Maroc, d'où elle est citée par Oldfield Thomas (in *Proc. zool. Soc. Lond.* [1882], 64). Elle avait été signalée en Barbarie par Shaw (*Voyage*, I [1743], 223). Poiret (*Voyage*, I [1789], 236), etc. En Algérie, elle m'a paru confinée dans la région du Tell; du moins je n'ai relevé aucun indice de sa présence dans le Sahara et dans la région du Hodna (Hauts-Plateaux).

D'après Oldfield Thomas, qui a établi l'identité spécifique des sujets d'Algérie et d'Espagne avec ceux d'Égypte (*loc. cit.*), l'aire de cette espèce occupe l'Espagne méridionale, l'Asie Mineure, la Palestine et l'Afrique au nord du Sahara.

Famille X. **MUSTÉLIDÉS.**

Genre 14. **LUTRA.**

Lutra Klein *Quadrup.* [1751], 91; Erxleben *Syst. Regn. anim. Mamm.* [1777], 445.

1. L. Lutra.

Lutra Linné *Syst. Nat.*, ed. 10 [1758]. — *vulgaris* Erxleben *Syst. Regn. anim. Mamm.* [1777], 445. — *angustifrons* Lataste *Mamm. Barb.* [1885], sp. 42. — La Loutre.

M. le Dr Robert m'écrit que M. le lieutenant Keck, chef du bureau de renseignements à Aïn-Draham, a eu en sa possession six à huit Loutres vivantes que des Arabes avaient capturées sur les bords de l'Oued El-Kebir; M. le Dr Robert les a vues.

En Algérie, P. Gervais avait signalé cette espèce aux environs de La Calle, dans le lac Fezzara, et auprès de Constantine, dans le Rummel (in *Ann. Sc. nat.*, sér. 3, X). Plus tard, Loche l'avait indiquée dans les Oued Harrach et Mazafran, de la province d'Alger, dans le Sig, de la province d'Oran, et dans le Chelif, qui est à cheval sur ces deux provinces. Cette espèce habite donc les cours d'eau les plus importants de l'Algérie et de la Tunisie, et on la retrouvera vraisemblablement au Maroc.

J'ai eu de cette espèce, par M. le Dr Hagenmüller et provenant des environs de Bône, d'abord un crâne, et, plus récemment, depuis la publication de mon *Catalogue des Mammifères de Barbarie*, un crâne et une peau. En comparant le crâne d'une Loutre de France (n° 2809) au premier des crânes d'Algérie désignés ci-dessus (n° 2531) et la peau de cette même Loutre de France (n° 2810) à celle d'une Loutre d'Algérie conservée au Muséum de Paris, j'avais cru trouver, dans la forme différente du crâne et dans les proportions différentes de la queue, de bons caractères spécifiques pour distinguer les sujets des deux provenances; mais, comme O. Thomas l'a récemment démontré par un exemple des plus frappants et des plus concluants (*Notes on a striking Instance of cranial Variation due to Age* in *Proc. zool. Soc. Lond.* [1886], 125 et tab. 11), le crâne des Mustélidés, et sans doute aussi celui de beaucoup d'autres Mammifères, subit, depuis l'âge adulte jusqu'à la vieillesse, des modifications tout à fait étonnantes : le front se retrécit; la boîte diminue de volume, les arcades s'élargissent, la crête sagittale se développe, et tout cela dans des proportions considérables. Entre mes deux premiers crânes de Loutres, l'un de France (n° 2809) et l'autre d'Algérie (n° 2531), il y a beaucoup moins de distance qu'entre les deux crânes de *Mustela Pennanti* figurés par Thomas, et, dans l'intervalle, sont venus s'intercaler d'autres crânes de Loutres que j'ai reçus depuis : un d'Italie (n° 2930), un autre de France (n° 2967, de la même localité que le n° 2809) et un de Danemark (n° 2973). Et, à ce propos, j'ajouterai incidemment que la crête sagittale, que je croyais rudimentaire chez la Loutre *Mamm. Barb.*, 46), se montre au contraire très développée sur le crâne danois désigné ci-dessus, ainsi que sur le crâne reçu récemment d'Algérie (n° 3125). Quant au caractère tiré des proportions de la queue, je dois reconnaître aujourd'hui qu'il n'est pas meilleur que le précédent. Voici en effet, en regard, les dimensions de la peau récemment reçue d'Algérie (n° 3258; conservée en alcool quand je l'ai mesurée) et de la peau qui m'est parvenue en dernier lieu de Provence (n° 2968; l'animal était en chair quand je l'ai mesuré) :

	N° 3258, ♂ Algérie.	N° 2968, ♂ France.
Du museau à l'anus	0m,83	0m,785
De l'anus au bout de la queue	0 ,46	0 ,44
Du museau au bout de la queue	1 ,30	1 ,23
Du museau aux ongles des pattes postérieures	1 ,01	0 ,965
Des ongles antérieurs aux ongles postérieurs	0 ,81	0 ,905

La seule différence appréciable que je puisse relever entre la peau de la Loutre algérienne et les deux peaux de Loutres françaises qui sont actuellement sous mes yeux, c'est que la première a sous la gorge une grande tache d'un blanc jaunâtre que les autres ne présentent pas; c'est une différence de bien peu d'importance, comme on le voit, et rien ne prouve qu'elle soit constante.

En somme, je regarde aujourd'hui comme tout à fait démontré que la Loutre de Barbarie ne diffère pas spécifiquement de la Loutre d'Europe, et je crois qu'elle n'en doit pas être distinguée même à titre de variété.

Genre 15. ZORILLA.

Zorilla Is. Geoffroy in *Dict. class. Hist. nat.*, X [1824], 215. — *Ictidonyx* Kaup [1835]. — *Rhabdogale* Müller [1838].

1. Z. Libyca.

Libyca Hemprich et Ehrenberg *Symb. phys.*, déc. II [1832], art. *Herpestes leucurus*; Lataste *Mamm. Barb.* [1885], sp. 43. — *frenata* Sundevall in *Kongl. vet. Ak. Handl.* [1842-1843], 212, tab. 4, fig. 1. — *Vaillanti* Loche in *Rev. et Mag. Zool.* [1856], n° 10, tab. 22. — Le Zorille barbaresque.

D'après les renseignements que j'ai pris, au cours de ma mission, dans le sud de la Tunisie, l'espèce ne manque pas à cette région, où, d'ailleurs, Sundevall *loc. cit.*, 215) et Loche (*loc. cit.*) l'ont précédemment signalée.

En Algérie, Loche (*Expl. sc. Alg. Mamm.* [1867], sp. 21) a signalé sa présence dans le sud des trois provinces : dans le Djebel Balarat et à Biskra, province de Constantine, à Aïn-Oussera, province d'Alger, et dans la province d'Oran. En 1880, je m'en suis procuré un crâne, en mauvais état, à Laghouat. Ce Zorille paraît essentiellement saharien. En dehors de la Barbarie, je l'ai reçu récemment des environs du Caire en Égypte (don de M. Walter Innes), et sa présence a été constatée, au sud-est, jusqu'au Nil Blanc, où je l'ai signalé, et jusqu'en Abyssinie; il me paraît vraisemblable qu'on le retrouvera aussi dans le sud du Sahara, vers le Sénégal. D'après Trouessart (*Cat. Mamm.*, *Carnivores* [1886], sp. 2354), il s'étend, à l'est, jusqu'en Asie Mineure.

Aucun document ne me permet d'indiquer actuellement en Tunisie la Belette de Barbarie (*Putorius subpalmatus* Hemprich et Ehrenberg), bien que *a priori* sa présence dans cette région ne me laisse aucun doute[1].

---

[1] A la date du 4 juin 1885, M. le Dr Trouessart m'écrivait : «J'ai lu avec intérêt, dans *Le Naturaliste*, votre notice sur *Putorius Africanus*, dont je me suis occupé ces jours-ci pour mon *Catalogue des Carnivores*, que je compte mettre sous presse cet été. Précisément M. le Dr Pucheran, avec qui je suis en correspondance suivie, me parlait de son *Putorius Numidicus*, que je rapporte, comme vous, à la présente espèce. Mais votre synonymie me semble incomplète sur un point assez important. Gray (*Cat. Carniv.* [1869], 97) place le *Mustela Africana* Desmarest dans son genre *Gymnopus*, avec des espèces ASIATIQUES (*P. nudipes*, etc.) et l'éloigne beaucoup de la Belette et du Boccamela. Je serais bien aise de savoir votre avis au sujet de ce genre *Gymnopus* et de la place donnée à *P. Africanus* par Gray. Pour ne rien vous cacher, Pucheran serait assez porté à croire que le type de Desmarest *n'était pas d'Afrique*... Gray n'indique pas l'habitat de son *Gymnopus Africanus*, mais décrit en trois lignes le type de Paris. Voici ce que me dit Pucheran de ce dernier : «Il est bien plus grand que la Belette d'Algérie et du Maroc. Je doute même que notre type de Desmarest, dans le Musée de Paris, soit originaire d'Afrique. Je le rapprocherais plutôt des espèces du Japon décrites par Temminck et Schlegel dans la *Fauna Japonica*.»

Les préparatifs de mon brusque départ pour le Sénégal me firent bientôt interrompre tous mes travaux en train, et je ne pus m'occuper alors de cette question. Je priai M. le Dr Trouessart de vouloir bien se charger de la correction des épreuves de mon *Catalogue des Mammifères de Barbarie*, qui était terminé depuis plusieurs mois et qui allait être imprimé pendant mon absence, et je l'autorisai en même temps à ajouter à mon *Catalogue*, dans ce cas et même dans d'autres analogues, les notes qu'il jugerait convenables. Dans ce cas, d'ailleurs, M. le Dr Trouessart avait parfaitement raison, je m'en suis assuré par l'examen du type de Desmarest, qui avait échappé d'abord à mes recherches, mais que j'ai retrouvé depuis dans les collections du laboratoire de mammalogie du Muséum. Il y porte le no C 249, et les inscriptions très effacées qui se trouvent sous le socle de l'animal permettent cependant de lire qu'il a été rapporté de Lisbonne, en février 1809, et qu'il a été monté, la même année, par Dufresne. L'espèce de Barbarie, distincte du *Putorius Africanus* Desmarest, ne doit pas cependant, comme conclut Trouessart (in Lataste *Mamm. Barb.* [1885], 123, note 1), s'appeler *Putorius Numidicus* Pucheran [1855], mais bien *P. subpalmatus* Hemprich et Ehrenberg [1832].

Je saisirai cette occasion pour ajouter un mot à une autre note de Trouessart (*loc. cit.*, 115) relative, celle-ci, à l'existence de l'Ours en Algérie. Je connaissais les beaux travaux de Bourguignat sur les Ours de la grotte du Djebel Thaya, grotte que j'avais moi-même explorée en compagnie de M. le Dr Hagenmüller et que j'ai citée comme lieu de capture du *Rhinolophus Euryale* (p. 65) et *Vespertilio murinus* (p. 74) : mais j'avais cru n'en pas devoir parler parce que : 1° les Ours quaternaires ne rentraient pas dans le cadre de mon *Catalogue*, exclusivement relatif à la faune actuellement vivante de Barbarie ; et 2°, en ce qui concernait l'existence plus récente d'Ours en Barbarie, les arguments de Bourguignat ne m'avaient pas convaincu.

Qu'il me soit permis, en terminant ces explications, d'exprimer à M. le Dr Trouessart mes remerciements pour le service qu'il a bien voulu me rendre en acceptant la tâche ingrate de corriger mes épreuves.

ORDRE IV. RONGEURS.

FAMILLE XI. **MYOXIDÉS.**

GENRE 16. **ELIOMYS.**

Eliomys A. Wagner [1843].

1. E. quercinus.

quercinus Linné *Syst. Nat.*, ed. 12 [1766], 84; Lataste *Mamm. Barb.* [1885], 47. — *Nitela* Pallas *Nov. Sp. Glir.* [1778], 88. — *Munbyanus* Pomel in *Compt. rend. Ac. Sc.* [1856], 652. — Le Lérot.

Metameur dans l'Arad, deux individus.

En Algérie, c'est Pomel qui a le premier signalé cette espèce, sous le nom de *Myoxus Munbyanus;* Loche l'a mentionnée ensuite, et il a indiqué le Djebel Zaccar, près de Milianah, comme lieu de sa capture; enfin j'en ai eu plusieurs sujets des environs de Bône, envoyés par M. le Dr Hagenmüller. Elle existe aussi dans le Maroc, car j'en ai reçu deux jeunes sujets des environs de Tanger (don de M. H. Vaucher).

En dehors de la Barbarie, le Lérot est commun en France et dans la plus grande partie de l'Europe méridionale et moyenne. Il s'accommode des plaines comme des montagnes, des buissons comme des forêts.

On trouvera peut-être, dans la Tunisie méridionale, un autre Myoxien, que M. le lieutenant Ch. Massoutier a découvert aux environs de Ghardaïa (Mzab) et que j'ai décrit sous le nom de *Bifa lerotina* (*Le Naturaliste* [15 avril 1885], 61). J'ai dû créer pour lui un genre nouveau, parce qu'il ne présentait à la mâchoire supérieure que trois molaires au lieu de quatre; mais il est possible qu'un tel caractère ne soit pas plus constant dans ce groupe que dans d'autres (le genre *Crocidura* par exemple); dans ce cas, l'espèce nouvelle appartiendrait au genre *Eliomys*.

FAMILLE XII. **MURIDÉS.**

GENRE 17. **MUS**[1].

Mus Klein *Quadrup.* [1851], 57.

1. M. Decumanus.

Decumanus Pallas *Nov. Sp. Glir.* [1778], 91; Lataste *Mamm. Barb.* [1885], sp. 50. — Le Surmulot.

Il ne m'est vraiment pas possible d'éliminer cette espèce cosmopolite de la faune tunisienne, bien que je ne l'y aie pas observée directement; car, *a priori*, je crois pouvoir affirmer qu'elle se trouve à La Goulette, à Tunis, et dans bien d'autres lieux de la Tunisie.

---

[1] Les Rats et les Souris sont désignés par les Arabes sous le nom de *Far;* les autres petits Rongeurs reçoivent la désignation générale de *Far-el-Kla*, littéralement *Rats des champs*.

2. M. Rattus.

Rattus Linné *Syst. Nat.*, ed. 10 [1758], 61; Lataste *Mamm. Barb.* [1885], sp. 51. — *Alexandrinus* Geoffroy *Descript. Égypte*, tab. 5, fig. 1; A. de l'Isle in *Ann. Sc. nat.*, IV [1865], 173. — Le Rat.

Devenue cosmopolite comme la précédente, cette espèce, ou, du moins, sa variété *Alexandrinus*, est répandue par toute la Barbarie, jusque dans les oasis sahariennes, où elle est souvent désignée sous le nom de *Rat des palmiers*. Croyant avoir affaire à une espèce plus intéressante, j'en ai tué, à coups de fusil, au sommet de Dattiers élevés, dans les oasis de Mansourah (Nefzaoua) et de Nefta (Blad-el-Djerid). A Zarzis, ce Rat pullulait dans le vieux fort turc, et les employés du télégraphe, installés dans ce fort, en étaient fort incommodés. Trois exemplaires de la même espèce se trouvaient dans les collections de l'expédition Roudaire (Lataste in Roudaire *Rapport sur la dernière Expédition des Chotts* [1881], 174).

La variété *Alexandrinus* du Rat noir, de laquelle seule il a été question ci-dessus, a été figurée par Levaillant (*Expl. sc. Alg. Mamm.*, tab. 4, fig. 3). Quant à la forme type, noire, elle a été trouvée aussi à Rovigo, par Loche, qui assure qu'on la rencontre également par toute l'Algérie (*loc. cit.*, sp. 75).

3. M. Musculus.

Musculus Linné *Syst. Nat.*, ed. 10 [1758], 62; Lataste *Mamm. Barb.* [1885], sp. 53. — *Hayi* Waterhouse in *Lond. and Edinb. philos. Mag. and Journ. Sc.*, XII [1838], 596 (nomen nudum)[1]. — *Algirus* Loche *Expl. sc. Alg. Mamm.* [1867], sp. 78 (*non* Pomel in *Compt. rend. Ac. Sc.* [1856]). — *Reboudii* Loche *Expl. sc. Alg. Mamm.* [1867], sp. 81. — *deserti* Loche *Expl. sc. Alg. Mamm.* [1867], sp. 60. — *Vignaudi* Prevost et O. des Murs in Lefebvre *Voyage, Zool.*, VI [1850], 24 et tab. 5, fig. 2. — *Bactrianus* Blyth in *Journ. As. Soc. Beng.*, xv [1846], 140. — La Souris.

Cosmopolite, comme les deux espèces précédentes, la Souris abonde en Tunisie comme en Algérie. On la rencontre aussi bien dans le Sahara que dans les Hauts-Plateaux et le Tell; mais, dans le Sahara, elle devient plus fine et plus pâle et affecte la forme décrite par Blyth sous le nom de *Mus Bactrianus*. On trouvera quelques renseignements à ce sujet dans ma note sur «Les Souris d'Algérie» (in *Act. Soc. Linn. Bordeaux*, XXXVII [1883]).

En l'absence de tout document positif, je dois m'abstenir de comprendre dans ce Catalogue deux autres espèces du même genre qui appartiennent à la faune barbaresque et que l'on doit retrouver en Tunisie : *Mus Barbarus* Linné et *Mus sylvaticus* Linné. Je ne dis rien ici d'une troisième forme, que j'ai décrite d'après un seul sujet recueilli en Algérie, dans la région de Hodna, et qui n'est peut-être qu'une variété très aberrante de la Souris (in *Act. Soc. Linn. Bordeaux, loc. cit.*).

---

[1] *Fide* Trouessart (*Cat. Mamm.*, *Rongeurs* [1880-1881], sp. 1544). Voici la traduction intégrale de l'article que Waterhouse a consacré à son *Mus Hayi* (*loc. cit.*): «*Mus Hayi* du Maroc. Cette espèce, qui est plutôt plus grande que *Mus Musculus*, a été donnée à la Société zoologique par E. W. A. Drummond Hay *esq.*, *corr. memb.*, auquel j'ai pris la liberté de la dédier.»

Genre 18. GERBILLUS (1).

Gerbillus Desmarest in *Nouv. Dict. Hist. nat.* [1804]; Lataste in *Le Naturaliste* [15 août 1882], 126. — *Meriones* Illiger *Prodromus* [1811].

Sous-genre *Gerbillus*.

Gerbillus Lataste in *Le Naturaliste* [15 nov. 1881], 506, et [15 août 1882], 126.

1. G. hirtipes.

hirtipes Lataste in *Le Naturaliste* [15 nov. 1881], 506, et [1er février 1882], 21; *Mamm. Barb.* [1885], sp. 56.

Dans la Tunisie méridionale, j'ai recueilli cette espèce à Nefta, Tozzer et Gafsa, et M. le marquis Doria m'en avait précédemment communiqué plusieurs échantillons recueillis à El-Oudian près de Tozzer.

Je l'avais prise antérieurement, en 1880, à Ba-Mendil, près d'Ouargla (Sahara algérien), et je l'avais décrite sur les sujets de cette provenance. Depuis, le Muséum de Paris l'avait reçue de l'Oued-Rir, entre Biskra et Tougourt. On la trouve aussi en Égypte.

Elle est très voisine de l'espèce *Gerbillus Gerbillus* Olivier, d'Égypte, type du genre et du sous-genre (2).

---

(1) Les Arabes donnent aux Gerbilles les noms de *Boubieda*, de *Bourzeima*; le nom de *Jerd* est attribué de préférence aux Mérions.

(2) Comme j'ai eu occasion de le faire remarquer ailleurs (*Mamm. Barb.* [1885], 137 et 140), le *Gerbillus hirtipes* habite aussi en Égypte : deux sujets de cette provenance (sans indication d'origine plus précise) m'avaient été envoyés en communication par le Musée zoologique de Turin. Plus récemment j'ai reçu de M. Walter Innes, conservateur du Musée de l'École de médecine du Caire, un autre individu de la même espèce, mâle à peu près adulte, à queue incomplète, pris dans le désert libyque de Ghizeh, près du Caire. Or, entre ce sujet et ceux d'origine barbaresque, j'ai observé quelques différences.

Le sujet d'Égypte a la tête plus longue et plus étroite, le museau plus long et plus aigu, l'œil moins gros et plus éloigné de l'oreille que ceux de Barbarie; ainsi, chez le premier, la distance réciproque des coins antérieurs des yeux est bien inférieure à la distance d'un de ces points à l'oreille correspondante ainsi qu'à la distance du bout du museau à la ligne virtuelle qui rejoindrait les coins antérieurs des deux yeux, tandis que, chez les autres, la première de ces trois mesures est bien plus grande que la deuxième et à peine plus petite que la troisième. En outre, le sommet de la tête, entre les oreilles, paraît rétréci et très convexe chez le premier sujet, élargi et aplati chez les autres. Mais je n'accorde pas une grande importance à de semblables différences, qui peuvent dépendre en grande partie de la position fortuite occupée par des organes mobiles au moment où les tissus ont été fixés par la mort. Une autre différence, présentée par la forme de l'oreille — cet organe paraissant plus haut et plus étroit et à bord antérieur légèrement échancré chez le sujet d'Égypte, tandis qu'il se montre assez régulièrement ovalaire chez mes sujets barbaresques — mériterait d'être prise en plus sérieuse considération, si je n'avais constaté, entre ces derniers et les sujets égyptiens du Musée de Turin (*loc. cit.*, 141), une différence justement inverse, l'oreille de ceux-ci étant plus courte et plus arrondie que celle de ceux-là. Enfin, pour mémoire seulement, je citerai encore quelques différences dans les plis du palais. Chez le sujet d'Égypte, il y avait trois plis prémolaires, le premier en pyramide triangulaire, le deuxième en chevron à sommet antérieur, le troisième à peine anguleux, presque rectiligne, et quatre paires de plis intermolaires : ceux des trois premières paires concaves et inclinés de dehors et d'avant en dedans et en arrière et ceux de la quatrième paire anguleux et se touchant sur la ligne médiane de façon à reproduire

Sous-genre *Dipodillus*.

Dipodillus Lataste in *Le Naturaliste* [15 nov. 1881], 506, et [15 août 1882], 127.

2. G. campestris.

campestris Levaillant *Expl. sc. Alg. Mamm.*, tab. 5, fig. 2 (*non* Loche *ibid.*, sp. 68); Lataste in *Le Naturaliste* [1er nov. 1881], 497, et [15 nov. 1881], 506, et *Mamm. Barb.* [1885], sp. 58. — *chamæropis* Levaillant *Expl. sc. Alg. Mamm.*, tab. 5, fig. 1. — *Gerbei* Loche *Expl. sc. Alg. Mamm.* [1867], sp. 70. — *minutus* Loche *ibid.*, sp. 72. — *deserti* Loche *ibid.*, sp. 69.

J'ai pris cette espèce, aux pièges que je tendais, quand l'occasion me paraissait favorable, autour du campement, dans deux localités assez distantes l'une de l'autre : à Tamezret, dans les montagnes des Matmata, et dans les ruines de Ta-

---

par leur ensemble la figure d'un V très ouvert et renversé; de chaque côté, le pli de la première paire s'appuyant sur le bord antéro-interne de la première molaire, celui de la dernière sur le milieu du bord interne de la dernière; derrière ces plis, la surface lisse du palais limitée antérieurement par un arc de cercle convexe en avant. D'autre part, le seul sujet de Barbarie sur lequel j'ai examiné ces plis, et qui provient d'El-Oudian dans le Blad-el-Djerid (Tunisie), présentait cinq paires d'intermolaires au lieu de quatre, et son troisième pli prémolaire avait la forme d'un V très ouvert, à branches recourbées et concaves extérieurement.

D'ailleurs, les proportions des membres sont sensiblement les mêmes chez les *Gerbillus hirtipes* des deux provenances.

Voici, en millimètres, les mesures les plus caractéristiques prises, d'une part, sur le sujet d'Égypte, et, d'autre part, sur un sujet de Barbarie à peu près du même âge (n° 1624, ♀, d'Ouargla) :

	SUJET ÉGYPTIEN.	SUJET ALGÉRIEN.
Longueur du corps (du museau à l'origine de la queue)	75	90
Longueur du membre antérieur (ongles compris)	26	26
Longueur de la jambe	31	32
Longueur du pied (ongles compris)	30	30
Longueur de la tête	30	30
Distance du coin antérieur de l'œil au bout du museau	13.5	14
Ouverture de l'œil (d'un angle à l'autre)	6	7
Distance du coin postérieur de l'œil au bord antérieur de l'oreille	5	3
Hauteur de l'oreille (depuis le bas de son orifice)	12.5	12
Distance du coin antérieur d'un œil au coin antérieur de l'autre	8,5	12
Distance du coin antérieur de l'œil à l'oreille	10,5	8,5
Distance du bout du museau à la ligne virtuelle qui joindrait les coins antérieurs des yeux	12.5	12.5
Distance d'une oreille à l'autre (à leurs bases)	13	13

Si l'examen des sujets conservés dans l'alcool me laissait quelques doutes sur l'identité spécifique de celui d'Égypte et de ceux de Barbarie, ces doutes ont été complètement dissipés par l'étude comparative des crânes; car celui du sujet d'Égypte rentre absolument dans le type de l'espèce que j'ai décrite, d'Algérie, sous le nom de *G. hirtipes*.

D'autre part, j'ai de nouveau comparé mes crânes de *G. hirtipes*, y compris celui d'Égypte, au crâne de la petite Gerbille recueillie aux environs d'Alexandrie, en Égypte, par M. Letourneux, et conservée au Muséum de Paris (*Cat. gén.* [1880], 2041-2044; crâne marqué par moi de la lettre A : sujet et crâne mentionnés et décrits dans *Mamm. Barb.* [1885], 137 et 139). Or, entre le crâne de cette Gerbille, que je regarde comme le plus complet représentant à ma connaissance de l'espèce *G. Gerbillus* Olivier, et ceux de *G. hirtipes*, j'ai constaté de nouveau les différences que j'ai signalées (*loc. cit.*) et qu'il me semble impossible de ne pas considérer comme spécifiques; notamment, le crâne du *G. Gerbillus*, quoique provenant d'une femelle à tétines très apparentes et, mesmida, entre Feriana et Tebessa. M. Letourneux l'avait prise à Sousa, l'année précédente.

En 1880 et 1881, je l'avais recueillie dans diverses localités du Tell et des Hauts-Plateaux algériens : plage d'Hussein-Dey près Alger, Setif, environs d'Au-

---

par suite, selon toute vraisemblance, adulte, est beaucoup plus petit que ceux de *G. hirtipes* adultes ou même un peu jeunes; ses arcades zygomatiques sont plus courtes et plus écartées[*], sa boîte crânienne est plus globuleuse, ses bulles osseuses ne sont nullement saillantes en arrière, et ses trous incisifs sont beaucoup plus longs et ils dépassent en arrière le niveau du bord antérieur de la première molaire. A ces caractères crâniens, qui, jusqu'à nouvel ordre, c'est-à-dire jusqu'à constatation de formes intermédiaires, me paraîtront exiger la distinction des deux espèces (des crânes d'espèces très nettement séparées, par exemple, ceux du *G. campestris* Levaillant et *G. Simoni* Lataste, sont moins différents entre eux), il convient d'ajouter que le *G. Gerbillus* a le pied sensiblement plus court (0m,026) que le *G. hirtipes* (0m,030).

Mais, s'il est bien établi que le sujet d'Alexandrie, d'une part, les sujets de Barbarie et des environs du Caire, d'autre part, appartiennent à deux espèces parfaitement distinctes, on pourra me demander quels sont les motifs qui me décident à rapporter le premier sujet, plutôt que les autres, à l'espèce *G. Gerbillus* Olivier. Ces motifs, les voici : 1° le crâne du premier est très semblable à celui que je regarde comme provenant du type de l'espèce d'Olivier (voir *Mamm. Barb.* [1885], 137), tandis que les crânes des autres en diffèrent sensiblement (voir *Le Naturaliste* [15 février 1882], 27[**]); 2° la taille du sujet d'Alexandrie, «à peu près égale à celle d'une souris», répond bien mieux à la description d'Olivier (*Observations sur les Gerboises* in *Bull. Soc. philom.* II [1801], 121) que celle des autres, qui est passablement supérieure à celle du Mulot; 3° Olivier nous apprend (*Voyage dans l'Empire ottoman, l'Égypte et la Perse,* III [1804], 73) que c'est aux environs d'Alexandrie, desquels, justement, provient le sujet envoyé au Muséum de Paris par M. Letourneux, qu'il a observé son espèce. Desmarest, il est vrai (in *Nouv. Dict. Hist. nat.*, nouv. édit. [1817], art. *Gerbille*), prétend que l'individu décrit par Olivier «fut rencontré près de Memphis, sortant du terrier qu'il habitait»; mais, entre ces deux témoignages contradictoires, celui du voyageur et de l'auteur de la description est évidemment préférable.

J'ai reçu aussi, de M. Walter Innes, des représentants d'une troisième espèce égyptienne du même sous-genre, le *G. pyramidum* Isid. Geoffroy Saint-Hilaire[***] : trois mâles adultes, provenant du désert libyque à l'ouest du Caire (Égypte), c'est-à-dire à peu près de la même localité que le type de l'espèce. Ces sujets sont conformes à la description que j'ai donnée de l'espèce dans mon *Catalogue des Mammifères de Barbarie* (p. 138).

Après un nouvel examen des trois sujets suivants, montés et conservés au Muséum d'histoire naturelle de Paris :

G. pyramidum, type de Geoffroy (1824);
G. Burtoni, type de Cuvier (mort à la ménagerie, 24 février 1838);
G. longicaudus (Wagner) Lataste, sujet ayant servi de type à ma description in *Le Naturaliste* [1er février 1882], 22 (Expédition de Louqsor, 1822),

je demeure convaincu que tous les trois doivent être rapportés à la même espèce, *G. pyramidum* Isid. Geoffroy. Tous trois ont les mêmes proportions de corps et les mêmes couleurs; ils ont les pieds de même longueur. Le *G. Burtoni*, il est vrai, a été décrit et figuré avec une queue beaucoup plus

---

[*] C'est par une faute d'impression qu'il est dit, dans mes *Mamm. Barb.*, p. 140, ligne 10 : «ses arcades zygomatiques sont plus courtes et *moins écartées*.»

[**] Parmi les différences que j'ai indiquées, dans ce passage, entre les crânes du *G. Gerbillus* Olivier et du *G. hirtipes* Lataste, il convient de ne point tenir compte de celles qui concernent les bulles osseuses, ces organes manquant au crâne incomplet du type d'Olivier, et l'autre crâne du Muséum de Paris (n° 2537), que j'avais rapporté alors au *G. Gerbillus* et qui m'avait servi pour cette comparaison, appartenant, comme je l'ai signalé depuis (*Mamm. Barb.* [1885], 137, note 1), à une toute autre espèce.

[***] In *Dict. classique Hist. nat.*, VII (1825), 321. La paternité de l'espèce a été attribuée à Ét. Geoffroy Saint-Hilaire par la plupart des auteurs, et, notamment, par Desmarest (in *Nouv. Dict. Hist. nat.* [1804], *ibid.*, nouv. édit. [1817], et *Mamm.* [1820]); mais je ne crois pas qu'elle ait été décrite et, par suite, valablement nommée avant 1825.

male, Msila, Oued Magra, et les collections du Muséum la possédaient déjà de Philippeville, d'Oran, et aussi de Tanger (Maroc). De toutes les Gerbilles, elle paraît la plus répandue en Barbarie.

Il y a trois Gerbilles barbaresques que je n'ai pas retrouvées en Tunisie : [1] *G. Duprasi* Lataste, unique espèce du sous-genre *Pachyuromys* Lataste, actuellement connue de Msila, de Bou-Saada, de Laghouat et d'Ouargla; [2] *G. Garamantis* Lataste, unique espèce du sous-genre *Hendecapleura* Lataste, d'Ouargla; et [3] *G. Simoni* Lataste, espèce type du sous-genre *Dipodillus* ci-dessus mentionné et trouvée seulement à l'Oued Magra, dans la région du Hodna.

Genre 19. MERIONES.

Meriones Illiger *Prodromus* [1811]; Lataste in *Le Naturaliste* [15 août 1882], 126.

Sous-genre *Meriones*.

Meriones Lataste in *Le Naturaliste* [15 août 1882], 127.

1. M. erythrurus.

erythrurus Gray in *Ann. nat. Hist.*, X [1842], 266; Blanford *Eastern Persia*, II [1876], 70, fig. 1, 2 et 3; Lataste in *Le Naturaliste* [15 août 1882], 127, in *Proc. zool. Soc. Lond.*, 96, fig. 4, 5 et 6, et *Mamm. Barb.* [1885], sp. 60. — *Shousboei* Loche *Expl. sc. Alg. Mamm.* [1867], sp. 66. — *Renaulti* Loche *Expl. sc. Alg. Mamm.* [1867], sp. 67. — *Getulus* Lataste in *Le Naturaliste* [1er juin 1882], 83.

J'ai pris cette espèce au sud de Gafsa, sur la route de Tozzer à Gafsa, où ses terriers sont abondants et mêlés à ceux du *Meriones obesus*. Elle avait été recueillie, ainsi que ce dernier, par l'expédition Roudaire (Lataste in Roudaire *Rapport sur la dernière Expédition des Chotts* [1881], 174, l'une des deux espèces désignées sous la seule dénomination de *Gerbillus*).

Je l'avais précédemment rapportée, en 1880, de Tilremt (entre le Mzab et La-

---

courte que celle des deux autres; mais Fr. Cuvier nous apprend que «plusieurs individus de cette espèce, vivant dans la même cage, s'étaient mangé mutuellement une partie de la queue» (*Mémoire sur les Gerboises et les Gerbilles* in *Trans. zool. Soc. London*, II [1836], 146), et tout me porte à croire que cet auteur, n'ayant plus à sa disposition, quand il a rédigé son mémoire, que des sujets mutilés comme celui qui a été conservé au Muséum, a attribué à cet organe, chez l'espèce qu'il décrivait, une longueur hypothétique et, en réalité, tout à fait inexacte. D'ailleurs, les deux crânes de *G. Burtoni* Cuvier conservés au laboratoire d'anatomie comparée du Muséum de Paris (n°s 2539 et 2540), comme celui qui a été extrait du *G. longicaudus* conservé au laboratoire de mammalogie du même établissement, sont très semblables au crâne du *G. pyramidum* Isid. Geoffroy.

Malgré l'opinion de Fr. Cuvier (*loc. cit.*, 140 et 142), je crois aussi que le *Meriones Gerbillus* de Rüppel doit être rapporté, non pas au *G. Pygargus* Fr. Cuvier, mais, comme le *G. Burtoni* Fr. Cuvier, au *G. pyramidum* Isid. Geoffroy. La longueur du pied (en supposant que Rüppel n'ait pas compris les ongles dans la mesure), les proportions de la queue par rapport au corps, la coloration assez caractéristique de l'extrémité de la queue, tout, dans la diagnose de Rüppel, me semble imposer cette identification.

ghouat, Sahara algérien), et, en 1881, de Msila (région du Hodna, Hauts-Plateaux). Elle ne paraît ni très répandue ni très abondante en Barbarie; mais elle s'étend fort au delà. J'en possède un sujet de Perse, recueilli et donné par M. le marquis Doria, et un de l'Afghanistan, recueilli par le capitaine Hutton et obtenu du *British Museum*.

2. M. Shawi.

Shawi Rozet *Voyage* [1833], 243; Duvernoy in *Mém. Soc. Hist. nat. Strasb.*, III [1842], 22, tab. 1 et 2; Lataste in *Le Naturaliste* [15 juillet 1882], 107, in *Proc. zool. Soc. Lond.* [1884], 94, fig. 1, 2, 3 et tab. 7, et *Mamm. Barb.* [1885], sp. 61. — *Le Zird* Shaw *Voyage*, I [1743], 321. — *robustus* A. Wagner in M. Wagner *Reis.*, III [1841], 35 et 61. — *Selysii* Pomel in *Compt. rend. Ac. Sc.* [1856], 652. — *Guyoni* Loche *Expl. sc. Alg. Mamm.* [1867], sp. 63. — *Richardi* Loche *Expl. sc. Alg. Mamm.* [1867], sp. 65. — *Ausiensis* Lataste in *Le Naturaliste* [15 mai 1882], 77. — *albipes* Lataste in *Le Naturaliste* [1er juillet 1882], 101.

J'ai pris cette espèce à Sidi-Bougrara et à Metameur, dans l'Arad; à Kebilli, dans le Nefzaoua; à Taferma, entre Tozzer et Gafsa; enfin à Tamesmida, sur la route de Feriana à Tebessa. M. Valery Mayet l'a rapportée de Gafsa.

Cette espèce avait été signalée, par les auteurs cités ci-dessus, dans le nord des trois provinces de l'Algérie : aux environs d'Oran, de Mostaganem, de Mascara; dans la plaine du Chelif, chez les Beni Sliman; sur le Djebel Ferrat, à Boghar; aux environs de Setif. Je l'avais rapportée, en 1881, d'Aumale et de Msila, et je l'ai recueillie enfin, en 1884, à Tebessa, sur les Hauts-Plateaux. Étant aussi répandue et abondante en Barbarie, elle s'étend vraisemblablement au delà de cette région.

Dans ses divers habitats, elle n'est pas sans présenter d'assez grandes variations dans la taille, la couleur, les qualités du poil, et même dans la forme du crâne.

Une première variété, que j'appelle *laticeps*, a les bulles osseuses relativement réduites, le crâne robuste, les arcades zygomatiques épaisses et élargies. Je l'ai décrite (in *Le Naturaliste* [15 juillet 1882], 107) et j'ai fait figurer son crâne (in *Proc. zool. Soc. Lond.* [1884], 94, fig. 1), d'après des individus reçus vivants de la province de Constantine et se reproduisant au Muséum de Paris.

Une autre variété, recueillie aux environs de Tunis par M. le marquis Doria, a le crâne également robuste, mais plus allongé. Ce crâne est figuré à côté du précédent (*loc. cit.*, fig. 2 et 3). J'appelle cette variété *longiceps*.

Une troisième variété a le crâne et les arcades encore robustes à l'âge adulte, le crâne moins élargi que celui du *laticeps*, moins allongé que celui du *longiceps*; ses bulles sont beaucoup plus développées que celles de l'un et de l'autre. Je la nomme *crassibulla*. Je l'ai trouvée à Tebessa, à Tamesmida et à Taferma. — Ces trois formes sont extérieurement très semblables, atteignant la même grande taille et portant la même livrée (fig. color. *loc. cit.*, tab. 7).

Le *Meriones Ausiensis*, des environs d'Aumale, a un crâne plus grêle et une livrée plus obscure. Ses ongles, la peau de ses oreilles et de ses pieds sont bruns; le dessous des pieds est roux. La toison est plus courte et moins fine.

Le *Meriones albipes* se rattache au *crassibulla* par le développement de ses bulles.

mais son crâne est grêle comme celui de l'espèce précédente ou comme celui du jeune *crassibulla;* en outre, la partie antérieure de son conduit auditif est plus renflée que chez aucune des autres formes. Ses teintes sont les plus claires de l'espèce; le blanc de ses faces inférieures et de ses pieds est absolument pur. Sa queue est ordinairement de la couleur du dos, comme celle des autres variétés, mais parfois elle est plus rousse; elle est parfois épaisse, parfois grêle et même noueuse. Ainsi qu'on peut le présumer d'après l'effacement de ses teintes et le développement de ses bulles, cette forme est la plus méridionale de toutes. Je l'ai décrite de Msila, et c'est elle que j'ai recueillie dans l'Arad et le Nefzaoua, en Tunisie, et que M. Valery Mayet a rapportée de Gafsa.

Ces diverses variétés ne se rencontrent jamais ensemble, autant que j'ai pu m'en assurer; et chacune d'elles se reproduit avec ses caractères propres, ainsi que j'ai pu m'en convaincre pour les trois premières, que j'ai fait reproduire en captivité. En outre, quand j'ai uni un mâle *longiceps* à une femelle *laticeps*, je n'ai obtenu que des produits *longiceps;* ceux-ci, d'ailleurs, ont eu une nombreuse postérité qui s'est abondamment reproduite à son tour.

En présence des très nombreux matériaux que je possédais des trois premières variétés, il ne m'a pas été permis d'hésiter longtemps à les grouper sous un même nom spécifique. Quant aux *Meriones Ausiensis* et *albipes*, je n'ai pu observer toute la série de leurs transitions vers le *Meriones crassibulla*, et ce n'est qu'après de longues hésitations que je me suis décidé à les joindre aussi à l'espèce *Meriones Shawi.*

Sous-genre *Psammomys.*

Psammomys Cretzschmar in Rüppel *Atlas* [1828], 50; Lataste in *Le Naturaliste* [15 août 1882], 127.

3. M. obesus.

obesus Cretzschmar in Rüppell *Atlas* [1828], 50, tab. 22; Lataste *Mamm. Barb.* [1885], sp. 63. — ?*arellania* Hedenborg in *Isis* [1839], 10 (nomen nudum). — *Gerbille indéterminée* Fr. Cuvier in *Trans. zool. Soc. Lond.*, II [1841], tab. 26, fig. 1-4. — *robustus* Loche *Cat. Mamm. Alg.* [1858], sp. 57 (*non* Wagner *Reis.*, III [1841], 35 et 61). — *Savii* Levaillant *Expl. sc. Alg. Mamm.*, tab. 6; Loche *Expl. sc. Alg. Mamm.* [1867], sp. 62. — *elegans* Heuglin *Reis. Nordost. Afr.*, II [1877], 80. — *Roudairei* Lataste in *Le Naturaliste* [15 octobre 1881], 492.

J'ai rapporté cette espèce de Tozzer (Blad-el-Djerid), de Debabcha (Nefzaoua) et de Gafsa. Elle pullule au sud de cette dernière oasis, sur la route de Tozzer, et il suffit de s'arrêter quelques minutes, vers huit ou neuf heures du matin, auprès de quelques-uns des terriers qui criblent la route, pour voir sortir ces petits Rongeurs et pouvoir les abattre à coups de fusil. L'expédition Roudaire l'avait rapportée de la région des Chotts (Lataste in Roudaire *Rapport* [1881], l'autre des deux espèces indiquées sous la seule dénomination de *Gerbillus*).

En Algérie, l'espèce est abondante et répandue dans le Sahara et le sud des Hauts-Plateaux. Loche l'avait recueillie à Aïn-el-Ibel, entre Djelfa et Laghouat (*Gerbillus robustus* de son *Catalogue*). Il la signalerait aussi dans la plaine du

Chelif (*Psammomys obesus* de l'*Exploration de l'Algérie*), s'il ne fallait rapporter cette indication au *Meriones Shawi* Duvernoy. Pour ma part, j'ai recueilli le *Psammomys obesus*, en 1880, à Tilremt et sur tout le trajet du Mzab à Laghouat, dans le Sahara, et, en 1881, à Msila et à l'Oued Magra, au nord du Chott du Hodna, dans les Hauts-Plateaux. Le Muséum l'a reçu de la région des puits artésiens, entre Biskra et Tougourt. M. le D^r Ch.-Henri Martin l'a aussi rapporté d'Ourir, dans la même région. En dehors de la Barbarie, il s'étend, à l'est et bien au delà de l'Égypte, où il a d'abord été connu, jusqu'en Palestine, où, d'après Tristram (*The Fauna and Flora of Palestina* [1884], sp. 49), «il pullule aussi bien dans les endroits sablonneux entourant la mer Morte que sur les plateaux élevés du sud de la Judée». M. Oldfield Thomas a d'ailleurs examiné, sur ma prière, les types de Tristram, au *British Museum*, et il m'a assuré qu'il n'y avait là aucune erreur de détermination. D'autre part, M. le Dr Lortet, directeur du Muséum d'histoire naturelle de Lyon, m'écrit qu'il a, lui aussi, constaté l'abondance de la même espèce entre Jéricho et le Jourdain[1]. Le *Psammomys obesus* descend vers le sud, si le *P. avellania* Hedenborg n'en diffère pas, jusqu'au Sennaar. On le trouverait même au Sénégal, d'après Rochebrune (in *Act. Soc. Linn. Bordeaux* [1883], 112); mais cette indication, n'étant accompagnée d'aucune diagnose, ne saurait être acceptée que sous bénéfice d'inventaire.

Comme la précédente, cette espèce présente d'assez grandes variations d'un habitat à l'autre. Elle m'a paru grande et de teinte obscure dans le Hodna, petite et d'un roux vif dans le Sahara algérien. En Tunisie, la couleur des exemplaires du Nefzaoua tire sur le jaunâtre, et les sujets de Gafsa, assez semblables par la coloration à ceux du Hodna, se distinguent de tous les autres par leurs incisives vaguement sillonnées en long et par leur queue non hérissée mais revêtue de poils fins, nombreux et apprimés. C'est, je crois, le jeune de cette variété que j'ai décrit sous le nom de *Psammomys Roudairei* (*loc. cit.*).

Je n'ai pas retrouvé en Tunisie une autre espèce barbaresque du même genre, que j'ai décrite, sous le nom de *Meriones Trouessarti* (in *Le Naturaliste* [1er mai 1882], 69), d'après deux sujets rapportés, en 1880, de Bou-Saada (Algérie). Elle est très voisine de la variété *albipes* de l'espèce *Meriones Shawi*[2].

---

[1] «Cette espèce, m'écrit M. le Dr Lortet, est très commune entre Jéricho et le Jourdain, mais, quoique commune, très difficile à prendre. Elle se construit en avant de son terrier, toujours placé sous les Tamarix, un monticule de terre battue haut de quatre à cinq pouces, et c'est sur ce sommet d'observation que l'animal s'assied sur son derrière, les jambes de devant relevées, et vous regarde de la façon la plus comique.

«Je suis sûr de ma détermination...»

[2] Kobelt (*Die Saüg. Nordafr.* in *Zool. Garten*, XXVII [1886], 173) a, très certainement par erreur et sans doute pour avoir mal lu une de mes publications, introduit l'*Amphiaulacomys opimus* Lichtenstein dans la liste des Mammifères de Barbarie. J'avais créé le nom générique d'*Amphiaulacomys* (in *Le Naturaliste* [15 janv. 1882], 11), que j'ai plus tard (in *Le Naturaliste* [15 août 1883], 127) porté en synonymie de celui de *Psammomys* Wagner [1843], pour l'espèce *Meriones opimus* Lichtenstein (*Psammomys pallidus* Wagner), laquelle est asiatique et n'a jamais été rencontrée en Afrique, que je sache.

Famille XIII. DIPODIDÉS.

Genre 20. DIPUS.

Dipus Gmelin *Syst. Nat.* [1789], 157.

1. D. Ægyptius.

Ægyptius Hasselquist in *Act. Soc. Upsal* [1744-1750], 17; Lataste in *La Nature* [18 mars 1882], 246, in *Le Naturaliste* [15 sept. 1881], 475, et [15 mars 1883], 236, in *Ann. Mus. Genova* XVIII [11 juin 1883], 662, et *Mamm. Barb.* [1885], sp. 14. — *Jaculus* Linné *Syst. Nat.*, ed. 10 [1758], 63 (*non* Pallas *Nov. Sp. Glir.* [1778], 275). — *Gerboa* Olivier in *Bull. Soc. philom.*, II [1799-1801], n° 40, 121. — *Mauritanicus* Duvernoy in *Mém. Soc. Hist. nat. Strasb.* III [1842], 31. — La Gerboise.

Je n'ai eu cette espèce, en Tunisie, que de Tamesmida, entre Feriana et Tebessa, sans doute parce que j'ai exploré des régions plus méridionales que son habitat.

En Algérie, elle paraît habiter toute la région des Hauts-Plateaux, la débordant un peu au sud comme au nord. Dans ces limites elle n'est pas rare. Elle a été mentionnée par la plupart des auteurs qui ont traité de la faune barbaresque. Je l'ai recueillie, en 1880 et 1881, à Batna, à Biskra, à Aumale, à Msila et à Bou-Saada, et j'ai constaté sa présence dans beaucoup d'autres localités. J'en ai rapporté en France de vivantes, et quelques-unes de celles-ci vivaient encore tout récemment. En 1884, j'ai pris de nouveau l'espèce à Tebessa et à Ras-el-Aïoun, sur la frontière tunisienne, près de Tebessa. Son aire aujourd'hui connue s'étend de l'Algérie occidentale au nord de l'Arabie, et peut-être jusqu'en Palestine, où Tristram la dit très commune (*Fauna of Palestina* [1884], sp. 58).

2. D. hirtipes.

hirtipes Lichtenstein *Verz. Doublet. Mus. Berl.* [1823], sp. 8; Lataste in *La Nature* [18 mars 1882], 247, in *Le Naturaliste* [15 sept. 1881], 475, in *Ann. Mus. Genova* XVIII [11 juin 1883], 663, et *Mamm. Barb.* [1885], sp. 65. — *deserti* Loche *Expl. sc. Alg. Mamm.* [1867], sp. 60. — La Gerboise du Sahara.

J'ai eu cette espèce de Tozzer (Blad-el-Djerid) et de l'Oued Metaleghmin, au nord du Chott El-Fedjedj. L'expédition Roudaire l'avait précédemment rapportée de la même région (Lataste in Roudaire *Rapport* [1881], 174, l'une des deux espèces désignées sous la seule dénomination de *Dipus*).

En Algérie, elle habite le sud des Hauts-Plateaux et le Sahara. Je l'ai recueillie, en 1880 et 1881, à Laghouat, à Bou-Saada et à Msila, et Loche l'avait précédemment signalée en plein Sahara, à Ouargla. En dehors des limites de la Barbarie, elle est indiquée jusque dans la Haute-Égypte et la Nubie[1].

---

[1] C'est par suite d'une erreur de détermination que, tout récemment, Tristram (*The Survey of Palestina. The Fauna and Flora of Palestina* [1884], sp. 60) a cité cette espèce parmi celles de la Palestine. Le Dipodidé désigné par Tristram sous le nom de *Dipus hirtipes* Licht. n'ap-

3. D. Darricarrerei.

Darricarrerei Lataste in *Ann. Mus. Genova*, XVIII [11 juin 1883], 661; *Mamm. Barb.* [1885], sp. 65.

J'ai rapporté, de cette espèce, un sujet de Tozzer et un autre de l'Oued Metaleghmin. J'avais précédemment décrit l'espèce sur un sujet que j'avais recueilli, en 1880, à Bou-Saada et sur un autre que M. Darricarrère m'avait envoyé, vivant, de la même localité. Il est possible aussi que l'une des deux espèces rapportées par l'expédition des Chotts (Lataste in Roudaire *Rapport* [1881], 174, *Dipus*) soit celle-ci; et cette opinion me paraît d'autant plus vraisemblable, que l'espèce avec laquelle je l'aurais confondue, *D. Ægyptius*, ne se rencontre probablement pas dans la région des Chotts. D'ailleurs, j'étais encore peu familiarisé avec l'étude des Gerboises et je n'avais pas décrit le *D. Darricarrerei*, quand j'ai remis à M. Roudaire la collection qu'il m'avait confiée pour la détermination.

Famille XIV. CTÉNODACTYLIDÉS.

Genre 21. CTENODACTYLUS.

Ctenodactylus Gray *Spicil. zool.*, 1re partie [1er juillet 1828], 10.

1. C. Gundi.

Gundi Rothman in Pallas *Nov. Sp. Glir.* [1778], 98, note *f*; Lataste in *Bull. Soc. zool. Fr.* [22 nov. 1881], 214, et *Mamm. Barb.* [1885], sp. 69. — *Massoni* Gray *Spicil. zool.*, 1re part., 10, cum tabula. — Le Gundi, *Gundi*.

Cette espèce abonde dans la Tunisie méridionale, partout où il y a de grands amas de pierres, c'est-à-dire sur les montagnes et au milieu des ruines romaines. J'ai constaté particulièrement sa présence à Taoudjout, Tamezret, Matmata et Hadedj (dans le pays des Matmata), dans les ruines de Koutin (près de Ksar-el-Metameur), dans le col de Taferma (entre Tozzer et Gafsa), dans les ruines de Thelepte et sur les montagnes voisines (à Feriana), dans les ruines de Tamesmida, dans le défilé de Khanget-es-Slougui et sur le Guelaat-es-Snam (entre Feriana et Tebessa). M. Valery Mayet m'écrit qu'il l'a recueillie au Djebel Bou-Hedma. L'expédition Roudaire l'avait rapportée de la région des Chotts (Lataste in Roudaire *Rapport* [1881], 174), et M. le major Oudri m'écrit que, pendant la campagne tunisienne, il en a vu un cadavre dans une fontaine, à El-Oudian, près de Sedada.

En Algérie, elle avait été indiquée, par Gervais (in *Journ. Zool.*, V [1876], tab. 7 et 8), à Bou-Saada, et, par Loche (*Expl. sc. Alg. Mamm.* [1867], sp. 73), dans le Djebel Zaccar, aux environs de Messad et dans les monts Aurès. Loche la citait aussi dans la Chebka du Mzab, mais cette dernière indication doit être rapportée à une espèce bien différente, que Loche n'avait pas su distinguer. Enfin j'avais

---

partient même pas au genre *Dipus* Gmelin, lequel n'a que trois orteils à chaque pied, mais bien au sous-genre *Scirteta* Brandt du genre *Alactaga* Fr. Cuvier; sur la planche qui le représente (*loc. cit.*, tab. 5), l'animal en question montre en effet très nettement ses premier et cinquième orteils rudimentaires; il doit être rapporté à l'*Alactaga Acontion* Pallas ou à quelque autre espèce très voisine de celle-ci.

reçu le Gundi de Biskra (don de M. l'adjudant Gouteron). Yarrell (in *Proc. zool. Soc. Lond.* [1830-1831], 48) l'avait signalé en Tripolitaine. Il est vraisemblable que l'espèce ne s'étend pas beaucoup au delà des limites de la Barbarie. Il paraît dans tous les cas démontré qu'elle ne se rencontre pas au cap de Bonne-Espérance, où Gray l'avait indiquée, sans doute par suite de quelque transposition d'étiquette.

J'ai donné ailleurs (in *Le Naturaliste* [1er févr. 1885], 21) des détails sur la dentition du Gundi, qui possède quatre molaires, comme les autres espèces de sa famille, et non trois, comme on l'avait cru jusqu'alors.

La faune barbaresque comprend une deuxième espèce de la famille des Cténodactylidés, *Massoutiera Mzabi* Lataste (in *Bull. Soc. zool. Fr.* [1881], 314), que je n'ai pas retrouvée en Tunisie, et j'en ai récemment décrit une autre, *Massoutiera Vœ* (in *Le Naturaliste* [15 juin 1886], 287), du Haut-Sénégal.

Famille XV. **HYSTRICIDÉS.**

Genre 22. **HYSTRIX.**

Hystrix Brisson *Regn. anim.* [1756], 22.

1. **H. cristata.**

cristata Linné *Syst. Nat.*, ed. 10 [1758], 56; Lataste *Mamm. Barb.* [1885], sp. 70. — Le Porc-Épic, *Dorban, Seuff.*

J'ai recueilli des piquants de Porc-Épic sur le Djebel Reças, près de Tunis, et M. le Dr Robert m'écrit qu'il a vu un animal de cette espèce capturé par des Arabes à Feriana.

Le Porc-Épic a été indiqué en Barbarie par les premiers explorateurs de cette région, Shaw, Poiret, etc. D'après Loche (*Expl. sc. Alg. Mamm.* [1867], sp. 83), il se rencontre dans toutes les parties de l'Algérie; il est assez commun dans les environs d'Alger. D'ailleurs, il habite à peu près toute la région méditerranéenne; il ne vit pas en France, mais il se trouve en Espagne, dans le sud de l'Italie, en Sicile, en Égypte, en Crimée, en Palestine; il pénètre même en Asie, d'après Trouessart (*Cat. Mamm., Rongeurs* [1881], sp. 1945), jusque dans le Beloutchistan, et, d'après Rochebrune (in *Act. Soc. Linn. Bord.*, XXXVII [1883], 119), il dépasserait au sud le Sahara et serait commun dans certaines régions du Sénégal.

Famille XVI. **LÉPORIDÉS.**

Genre 23. **LEPUS.**

Lepus Klein *Quadrup.* [1751], 40.

1. **L. Cuniculus.**

Cuniculus Linné *Syst. Nat.*, ed. 10 [1758], 58; Lataste *Mamm. Barb.* [1885], sp. 71; *Algirus* Loche *Cat. Mamm. Alg.* [1858], 27, et *Expl. sc. Alg. Mamm.* [1867], sp. 85; Lataste in *Le Naturaliste* [15 mai 1883], 269. — Le Lapin, *Gounine.*

Le Lapin paraît ne pas exister dans la partie continentale de la Tunisie; mais on le retrouve, et en abondance, dit-on, dans plusieurs îles de cette région, notam-

…ent dans celles de La Galite, de Djezeïret-Djamour et de Conigliera, qui lui doit …on nom.

J'en ai sous les yeux un crâne, provenant de la petite île de Djezeïret-Djamour, …ue je dois à l'obligeance de M. P. Brousset, négociant à Tunis. Ce crâne se dis…ingue par sa petite taille et par l'étroitesse relative de son nez; mais il est mani…stement jeune, et, autant que j'en puis juger d'après un seul échantillon, il doit …tre rapporté à l'espèce commune.

En Algérie, le Lapin a été signalé par Shaw, Poiret, etc. D'après Loche, il ha…iterait toute l'Algérie; mais, en réalité, il ne se trouve ni dans le Sahara ni dans … sud des Hauts-Plateaux, et il disparaît ou devient très rare vers l'est, du côté … la Tunisie. Il serait intéressant de mieux préciser et limiter son habitat, mais …s éléments me manquent pour le faire. Loche le cite particulièrement aux en…rons d'Alger. Pour moi, je l'ai eu d'Alger, par M. Maupas, de Daïa et de Teniet-…Haad, par M. L. Bedel; je l'ai tué à El-Hammam, dans la forêt de l'Oued …kris, entre Aumale et Beni-Mansour, et il m'a paru très abondant sur la pente …férieure du Djurdjura, au-dessus de Beni-Mansour. Il est commun dans le Dahra …après M. E. Cosson. En dehors de la Barbarie, il habite la France, l'Espagne, …talie et une partie de l'Europe occidentale et moyenne. Vers l'est, il s'avance dans …s îles méditerranéennes plus loin que sur le continent. Il paraît ne pas exister en …ie.

2. L. Ægyptius.

…gyptius Desmarest *Mamm.* [1820], 350 (*part.*); Audouin et Geoffroy Saint-Hilaire *Descript. Égypte*, XXIII [1828], 196; Hemprich et Ehrenberg *Symb. phys.* [oct. 1832], tab. 15, fig. 1 (*L. Ægyptius* dans le texte, *L. Ægyptiacus* dans la planche); Lataste *Mamm. Barb.* [1885], sp. 72. — *isabellinus* Cretzschmar in Rüppel *Atlas* [1826], 52, tab. 15, fig. 1. — *Æthiopicus* Hemprich et Ehrenberg *loc. cit.*, tab. 13. — *Habessinicus* Hemprich et Ehrenberg *loc. cit.*, tab. 15, fig. 2. — *Arabicus* Hemprich et Ehrenberg *loc. cit.* (absque tabula). — *Sinaiticus* Hemprich et Ehrenberg *loc. cit.*, tab. 14, fig. 1. — *Mediterraneus* Loche *Expl. sc. Alg. Mamm.* [1867], sp. 84 (*non* Wagner in *Anz. Bayer. Akad. Wiss.*, II [1841], 459). — Le Lièvre d'Égypte, *El-Arneb*, *Lernab*.

Le Lièvre d'Égypte est commun en Tunisie. Je l'ai rapporté d'Aram, de Bou…ara et de Metameur, dans la plaine de l'Arad, des montagnes des Matmata, … Tozzer dans le Blad-el-Djerid, et du Khanget-es-Slougui près de la frontière …érienne vers Tebessa. D'ailleurs, il dépasse beaucoup les limites de la Barbarie, …tendant à l'est jusqu'en Égypte et en Arabie, au sud jusqu'en Éthiopie. On le …rouverait même au Sénégal, si, du moins, Rochebrune n'a pas commis une …ble erreur de détermination en l'inscrivant deux fois dans cette faune, sous le …m de *L. Ægyptius* Geoffroy et sous celui de *L. isabellinus* Rüppel (in *Act. Soc. …n. Bord.* [1883], 119 et 120).

ORDRE V. PACHYDERMES.

FAMILLE XVII. SUIDÉS.

GENRE 24. PORCUS.

…cus Klein *Quadrup.* [1751], 3 et 25. — *Sus* Brisson *Regn. anim.* [1756], 22; Linné *Syst. Nat.*, ed. 10 [1758], 49.

1. P. Scrofa.

Scrofa Linné *Syst. Nat.*, ed. 10 [1758], 49. — Le Sanglier, *Hallouf*.

Entre autres localités tunisiennes habitées par le Sanglier, je puis citer la forêt d'Aïn-Draham, où il est commun, d'après M. le Dr Robert (*in litt.*), celle des Ouchteta, où M. Letourneux l'a fréquemment rencontré, et les Oued Zess et Oum Mezessar, où les officiers de la compagnie mixte de Metameur ont constaté sa présence. D'ailleurs, il est répandu par toute la Barbarie, depuis le littoral jusqu'au Sahara, et il abonde partout où il y a de l'eau et des fourrés étendus. Il a été signalé par tous les explorateurs, Shaw, Poiret, Rozet, Wagner, etc. En dehors de la Barbarie, on le rencontre dans tout le nord de l'Afrique jusqu'en Égypte, dans la plus grande partie de l'Europe méridionale et moyenne et dans une partie de l'Asie.

Ordre VI. RUMINANTS.

Famille XVIII. CERVIDÉS.

Genre 25. CERVUS.

Cervus Klein *Quadrup.* [1751], 3 et 23; Linné *Syst. Nat.*, ed. 10 [1758].

1. C. Elaphus var. Barbarus.

Elaphus Linné *Syst. Nat.*, ed. 10 [1758], 67; Loche *Expl. sc. Alg. Mamm.* [1867], sp. 29. — *Elaphus Corsicanus* Erxleben *Syst. Regn. anim. Mamm.* [1777], 304. — *Corsicanus* Gmelin *Syst. Nat.* [1789], 176; Lataste *Mamm. Barb.* [1885], 74. — *Barbarus* P. Gervais *Mamm.*, II [1855], 216. — Le Cerf de Barbarie.

P. Gervais avait déjà indiqué le Cerf dans les forêts de la Tunisie. D'après les renseignements que j'ai pu recueillir, on ne le trouverait qu'au nord-ouest et au sud de la Tunisie : au nord-ouest, vers la frontière algérienne, du côté de La Calle et de Tebessa, et, au sud, vers la frontière tripolitaine. «Le Cerf, chose incroyable, m'écrivait M. Rebillet, capitaine de la compagnie mixte de Metameur, vit en liberté dans les plaines des environs de Douiret, où il n'y a pas un arbre par myriamètre carré.» Un sujet, que j'ai vu vivant dans le fort de Tozzer, un autre, ornant le jardin du cercle des officiers de Gafsa, auraient, m'a-t-on dit, cette dernière provenance; celui de Gafsa est enfermé avec un camarade qui provient des environs de Tebessa.

Le Cerf a été cité en Barbarie par Poiret (*Voyage*, I [1789], 242). Gervais (*Anim. vert. Alg.* in *Ann. Sc. nat.*, sér. 3, X [1848]) a précisé son habitat dans le cercle de Bône, dans celui de La Calle et auprès de Tebessa. Dans ces trois régions, d'après cet auteur, il serait assez commun pour que ses bois donnassent «lieu à un commerce d'exportation ayant quelque importance» (?). D'après Letourneux (*Notes sur la Faune de l'ancienne Libye* in *Soc. Climat. Alg.* [187·], 240), les Cerfs sont abondants de Bizerte à La Calle et de La Calle à Souk-Harras, et ils existent depuis fort longtemps dans la région, car «on retrouve encore leurs bois enfoncés dans l'humus de la forêt de l'Edough».

C'est uniquement par des raisons *a priori* et d'analogie que, devant prendre parti, je rattache le Cerf de Barbarie à l'espèce commune d'Europe et l'en d tingue à titre de variété. Les matériaux me manquent absolument pour entreprendre une étude personnelle de cette forme, sur la valeur de laquelle les différents auteurs sont loin de s'être mis d'accord. Tout ce que je puis dire, c'est que les Cerfs que j'ai vus vivants, à Tozzer et à Gafsa, m'ont frappé par leur robe mouchetée comme celle du Daim et des Faons, bien que, à en juger par le développement de leurs bois, ils fussent parfaitement adultes.

GENRE 26. DAMA.

Dama H. Smith [1824-1833].

1. D. Dama.

Dama Linné *Syst. Nat.*, ed. 10 [1758], 67; Lataste *Mamm. Barb.* [1885], sp. 75. — *vulgaris* Loche *Expl. sc. Alg. Mamm.* [1867], sp. 30. — Le Daim.

La présence du Daim en Tunisie a été indiquée par Letourneux (*Notes sur la Faune de l'ancienne Libye* in *Soc. Climat. Alg.* [1870], 240).

Cette espèce avait été signalée en Barbarie par Shaw (*Voyage* I [1743], 313). Gervais a précisé son habitat aux environs de La Calle, en Algérie (*Anim. vert. Alg.* [1848] et *Mamm.* [1855]), et Loche ne l'a pas observée ailleurs (*loc. cit.* [1867]); mais, d'après Letourneux, elle s'étend de ce point jusqu'au delà de la frontière tunisienne : «le Daim, dont aucun auteur ancien ne fait mention parmi les Mammifères de la Libye, existe encore dans les forêts du cercle de La Calle et de la Tunisie, où il vit en hardes à côté du Cerf» (*Notes sur la Faune de l'ancienne Libye* in *Soc. Climat. Alg.* [1870], 240).

FAMILLE XIX. ANTILOPIDÉS.

GENRE 27. ARIES.

Aries Klein *Quadrup.* [1751], 3 et 13; Brisson *Regn. anim.* [1756], 22. — *Hircus* Brisson *Regn. anim.* [1756], 22. — *Capra* Linné *Syst. Nat.*, ed. 10 [1758], 68. — *Ovis* Linné *Syst. Nat.*, ed. 10 [1758], 70. — *Musimon* Gervais *Mamm.*, II [1855], 191. — *Ammotragus* Gray *Cat. Rumin. Mamm.* [1872], 58.

1. A. Tragelaphus.

Ammon Linné *Syst. Nat.*, ed. 10 [1858], 70 (*partim*). — *Tragelaphus* Desmarest *Mamm.* [1820], 486; Loche *Expl. sc. Alg. Mamm.* [1867], sp. 35, tab. 7; Lataste *Mamm. Barb.* [1885], sp. 76. — *ornata* Audouin *Descript. Égypte* [1828]. — Le Mouflon à manchettes, *Aroui.*

D'après les renseignements que j'ai pris, le Mouflon se trouve, en Tunisie, dans les montagnes des Matmata, des Ghomrassen, du Nefzaoua, etc. Les officiers de Tozzer, dans le Blad-el-Djerid, en possédaient un, vivant, qui provenait de la région.

Il habite, en Algérie, les montagnes du Sahara et du sud des Hauts-Plateaux. J'ai noté sa présence aux environs de Bou-Saada, aux environs de Laghouat et dans le Mzab. M. le Dr Cosson, à Aïn-ben-Khelil, au sud-est du Chott El-Gharbi, a pris part à une chasse où il a été tué quatorze Mouflons. L'espèce a d'ailleurs été signalée en Barbarie par les plus anciens auteurs, par Erxleben (*Mamm.*, 253).

par Gmelin (*Syst. Nat.*, 201). etc. Précisant son habitat, Gervais l'a indiquée dans l'Aurès (*Anim. vert. Alg.* [1848]), Pucheran dans le sud de la province d'Oran (in *Bull. Soc. philom.* [1857], 103), Loche dans le Souf, le Djebel Amour et le Sahara jusqu'au pays des Touaregs (*Cat. Mamm. Alg.* [1858]). En dehors de la Barbarie, elle a été recueillie, par l'expédition d'Égypte (Geoffroy *Descript. Égypte* [1812], tab. 7, fig. 2), aux environs du Caire. Elle ne paraît pas exister hors de l'Afrique ni au delà du Sahara.

Genre 28. GAZELLA.

Gazella Blainville; Desmarest *Mamm.* [1820], 453.

1. G. Dorcas.

Dorcas Pallas *Spicil. zool.* [1767]; Lataste *Mamm. Barb.* [1885], sp. 87. — La Gazelle, *Ghazel.*

La Gazelle est commune dans le sud de la Tunisie. J'ai pu constater sa présence dans la plaine de l'Arad, dans les montagnes des Matmata et des Ghomrassen, dans le Nefzaoua, dans le Blad-el-Djerid et aux environs de Gafsa, c'est-à-dire partout où je suis passé.

En Algérie, elle est également commune et répandue dans tout le Sahara et dans une grande partie des Hauts-Plateaux. A Laghouat, à Bou-Saada, à Biskra, à Msila, on paie, au printemps, de 75 centimes à 2 francs une jeune Gazelle vivante. Il n'est pas de cercle militaire, dans ces régions, qui ne possède son gracieux petit troupeau de Gazelles. Il serait intéressant de tracer la limite nord de l'habitat de cette espèce, mais je ne suis pas en état de le faire. D'une façon générale, la Gazelle occupe la région entière du Sahara, la débordant tout autour et s'étendant, à l'est, jusqu'en Arabie.

Une espèce très voisine, la Corinne (*G. Kevella* Pallas), est moins commune, mais également très répandue en Algérie et ne doit pas manquer à la Tunisie; mais aucun document ne me permet actuellement de la citer, pas plus qu'une autre espèce également algérienne, *Alcelaphus Bubalis* Pallas[1].

---

[1] Dans mon *Catalogue provisoire des Mammifères apélagiques sauvages de Barbarie*, j'ai oublié de citer le *Gazella Cuvieri* Ogilby (in *Proc. zool. Soc. Lond.* [1840], part. VIII, 34). Cette espèce, décrite d'abord du Maroc, a été également signalée en Algérie; c'est même, d'après P. Sclater (*List. vert. Anim. zool. Soc. Lond.*, 8th ed. [1883], 140), la seule espèce d'origine algérienne qu'ait possédée le Jardin de la Société zoologique de Londres. Il est vraisemblable que le nom de *G. Cuvieri* Ogilby fait double emploi, soit avec celui de *G. Dorcas* Pallas, soit avec celui de *G. Kevella* Pallas, soit avec l'un et l'autre, comme le veut Huet (*Antilopidés* in *Bull. Soc. Acclim.* [1886], 492 et 493). Quoi qu'il en soit, ne me trouvant pas à même de me faire une opinion personnelle dans la question, je traduis ici la description d'Ogilby : «M. Ogilby fait ressortir les caractères d'une nouvelle espèce d'Antilope, qui est mise sous les yeux de l'assemblée. L'animal a vécu quelque temps à la ménagerie. Il a été donné à la Société par W. Willshire, *esq*, *corr. memb.*, qui se l'était procuré à Mogador. Il est très voisin de l'*Antilope Dorcas* et de l'*A. Arabica*, et il ressemble de très près à ce dernier par sa coloration; mais on le distingue bien vite à sa plus grande taille : sa longueur totale, du bout du museau à la queue, est d'environ 1m,10, et sa hauteur, de 0m,71. En outre, ses oreilles sont proportionnellement plus grandes; elles mesurent en

Genre 29. ADDAX.

Addax Gray *Cat. Rumin. Mamm.* [1872], 36.

1. A. nasomaculatus.

nasomaculatus Blainville [1816]. — *Addax* Rüppel [1830]. — L'Addax, *Meha.*

D'après Valery Mayet (*Voyage dans le Sud de la Tunisie* in *Soc. languedoc. Géogr.* [1885-1886], 129), qui en a vu une dépouille dans le Dar-el-Bey à Tozzer, l'Addax se trouve dans le Djerid. M. Letourneux m'a dit avoir aussi, en 1886, constaté la présence de cette espèce dans le sud du Nefzaoua; il a vu les cornes fraîchement détachées d'un sujet qui venait d'être tué au sud de Sobria.

L'Addax a été cité en Barbarie par Shaw (*Voyage*, I [1743], 314). Pucheran (in *Bull. Soc. philom.* [1857], 103) l'a indiqué, d'après Marès, dans le sud de la province d'Oran. Loche (*Expl. sc. Alg. Mamm.* [1867], sp. 31) le signale dans le Souf et dans le pays des Touaregs. Il paraît assez répandu dans le Sahara algérien, mais à une certaine distance de ses limites nord. Ses belles cornes sont assez fréquemment apportées par les Arabes à Laghouat, à Bou-Saada, à Biskra, où elles atteignent un certain prix, étant recherchées par les officiers et les touristes comme objets d'ornement. Je m'en suis procuré une superbe paire, en 1880, à Biskra, au prix de 25 francs. Chacune d'elles mesure, de la base à la pointe, en ligne droite, 0^{m},78 et, en suivant la courbure, 0^{m},90; la distance d'une pointe à l'autre est de 0^{m},45.

L'Addax paraît propre à la région saharienne, dont il dépasse d'ailleurs les limites vers la Nubie, vers le Sénégal et, sans doute, sur beaucoup d'autres points.

---

hauteur environ 0^{m},171 ou même plus. Comme l'*A. Arabica*, l'animal de Mogador a une tache noire à la partie supérieure du museau, et, de chaque côté de la face, une ligne noire qui commence en avant de l'œil et se termine au-dessus de l'angle de la bouche; la bande obscure des flancs est très large et d'un brun intense tirant sur le noir; il y a aussi une marque noire distincte, assez large, sur chaque fesse; les genoux des membres antérieurs possèdent des brosses noires distinctes. Le sujet décrit est femelle, et il a des cornes grêles, à peu près de même longueur que les oreilles; celles-là sont indistinctement lyrées, presque tout à fait droites, et elles montrent onze ou douze anneaux, dont les quatre ou cinq premiers, à la base des cornes, sont très rapprochés les uns des autres. M. Ogilby ajoute qu'il a observé des individus de la même espèce au Muséum de Paris, et que M. Fr. Cuvier avait l'intention de les décrire; c'est pour cela qu'il propose le nom de *G. Cuvieri* pour distinguer l'espèce.»

SUPPLÉMENT.

1. — J'ai reçu récemment, de M. Walter Innes, un *Erinaceus Libycus* Hemprich et Ehrenberg, femelle adulte conservée dans l'alcool et provenant des environs du Caire en Égypte; en outre, le Muséum de Paris en possède un autre exemplaire, femelle jeune à dents de lait rapportée de Chypre par M. le professeur Gaudry et conservée aussi dans l'alcool, que M. le professeur A. Milne Edwards m'a permis d'étudier. Je me trouve ainsi en mesure de comparer à cette espèce égyptienne les deux espèces barbaresques que, faute de matériaux, quand j'ai rédigé mon *Catalogue des Mammifères de Barbarie*, je n'ai pu comparer qu'à l'espèce d'Europe.

Il me paraît d'ailleurs vraisemblable que l'*Erinaceus Libycus* Hemprich et Ehrenberg (1828) devra être réuni à l'*E. auritus* Pallas. Le seul caractère précis invoqué par Dobson (*Mon. Insectiv.*, part. 1 [1882], 8 et 16) pour maintenir la distinction spécifique des deux formes est fourni par les dimensions du gros orteil, qui serait, chez l'*E. auritus*, beaucoup plus petit et, chez l'*E. Libycus*, beaucoup plus grand que le pouce; or, sous ce rapport, les deux sujets que j'ai examinés devraient être rapportés à l'*E. auritus* (le gros orteil de celui d'Égypte, mesuré depuis l'articulation métatarso-phalangienne, n'a que 4 millimètres sans l'ongle et 6 millimètres avec l'ongle, tandis que son pouce, mesuré de même, atteint 6 millimètres sans l'ongle et 9 millimètres avec l'ongle). Les autres différences « Erinaceus Libycus . . . *smaller than* E. auritus, *and with shorter and narrower ears; the ear-conch is narrowed in the upper half, owing to the emargination of the upper part of his outer margin* » sont vagues et sans importance; les crânes et les dentures, Dobson le dit explicitement, sont tout à fait semblables. En somme, dans la détermination des sujets de Chypre et d'Égypte, la considération de la provenance, seule, m'a paru décisive.

Quoi qu'il en soit à cet égard, voici la description de mon sujet d'Égypte, comparé à l'*E. Algirus* et à l'*E. deserti*, tels que je les ai décrits dans mes *Mammifères de Barbarie* (p. 78 et 80).

L'*E. Libycus* est la plus petite des quatre espèces considérées; les *E. Europæus* et *Algirus*, de taille égale l'un à l'autre, sont de beaucoup les plus grands.

La raie nuchale, fort nette chez les Hérissons de Barbarie et chez celui d'Europe, est ici étroite, mal délimitée et indistincte, quelques piquants se trouvant implantés jusqu'en son milieu. La sculpture des piquants est assez comparable à celle des piquants de l'*E. deserti*; leurs côtes longitudinales sont cependant plus fines et plus serrées et formées de granulations moins saillantes et moins nettes. Sous ce rapport, on passe graduellement du piquant de l'*E. Europæus*, à côtes sensiblement lisses, d'abord par celui de l'*E. Algirus*, puis par celui de l'*E. Libycus*, jusqu'à celui de l'*E. deserti*, dont les côtes sont formées par des séries linéaires de granulations on ne peut plus nettes et saillantes Les piquants de l'*E. Libycus* présentent un seul anneau brun, près de la pointe; ils sont d'un gris assez clair à leur base et d'un blanc jaunâtre dans tout le reste de leur étendue. Pour la finesse et les qualités du poil, l'*E. Libycus* se rapproche encore de l'*E. deserti*. Quant à la couleur, l'*E. Libycus* est blanc pur en dessous; le dessus des mains et des pieds, le bout de la queue, le dessus et les côtés du museau, le front, la surface supérieure et le pourtour de la surface inférieure des oreilles sont plus ou moins salis de roux et de brun. — Le museau de l'*E. Libycus* paraît plus long et plus aigu que celui de l'*E. deserti*. La bordure extérieure de l'orifice nasal, dont la description serait assez difficile et longue, ne me paraît présenter rien de caractéristique. L'oreille de l'*E. Libycus*, par ses grandes dimensions, ressemble aussi à celle de l'*E. deserti;* celle-là cependant me paraît plus longue et moins large. Elle est ovalaire, et non triangulaire; son bord antérieur décrit une courbe régulièrement convexe; son bord postérieur, assez fortement convexe dans sa moitié inférieure, est rectiligne ou même très légèrement concave dans sa moitié supérieure; son sommet est largement arrondi; sa hauteur à partir de la base de son bord externe mesure environ une fois et demie la distance du bout du museau au coin antérieur de l'œil; rabattue en avant, elle couvre au moins les deux tiers de l'espace qui s'étend entre l'œil et le bout du museau; sa hauteur, mesurée comme il est dit ci-dessus, est, chez mon sujet d'Égypte, de 0^m,039, et sa plus grande largeur de 0^m,022; elle est presque nue, fort différente en cela de l'oreille de l'*E. deserti*. La main est assez forte, arrondie, à pouce bien développé, nue en dessous et présentant, indépendamment des callosités sous-articulaires, deux callosités tarsiennes très saillantes et très nettes, contiguës, l'externe un peu plus grande et s'avançant un peu plus en avant que l'interne. Comme chez les trois autres espèces, l'ongle qui s'étend le plus loin est celui du troisième doigt. La longueur de la main, chez mon sujet, est de 0^m,025, ongles compris. Au pied, tandis que chez l'*E. Algirus*, comme chez l'*E. Europæus*, l'ongle du deuxième orteil s'étend beaucoup plus loin que les autres, ceux des troisième et quatrième orteils s'étageant régulièrement en arrière de lui et les trois orteils sans les ongles se trouvant de longueurs à peu près égales; chez l'*E. Libycus*, comme chez l'*E. deserti*, le deuxième orteil est sensiblement plus court que les deux suivants et c'est l'ongle du troisième qui s'étend le plus loin. Il y a là une différence très nette et très caractéristique. Le gros orteil de l'*E. Libycus* me paraît plus développé que celui des *E. Algirus* et *deserti*, moins que celui de l'*E. Europæus*. A part le talon, qui est légèrement velu, tout le dessous du pied est nu. Une seule callosité tarsienne, large et surbaissée, résultant vraisemblablement de la fusion des deux callosités tarsiennes normales, l'externe et l'interne. L'*E. Algirus* ne présente aussi qu'une seule callosité tarsienne, mais celle-ci est saillante et allongée et elle ne représente que la callosité tarsienne externe; parfois, en effet, on retrouve la tarsienne interne, petite et accolée à son bord postéro-interne. Les deux callosités tarsiennes se montrent chez les deux autres espèces de Hérissons, nettes et saillantes chez l'*E. Europæus*, confuses et basses chez l'*E. deserti*[1]. Le pied de mon *E. Libycus* mesure 0^{m},032, ongles compris. La queue de cette espèce est plus petite que celle d'aucune des trois autres; celle de mon sujet ne mesure que 0^{m},015.

Le crâne de l'*E. Libycus* se distingue nettement de celui des trois autres espèces par sa taille comme par sa forme. Il est sensiblement plus petit même que celui de l'*E. deserti;* la longueur maximum de celui de mon sujet est de 0^{m},044. Le nez est presque aussi aigu que celui de l'*E. deserti.* La lame osseuse horizontale qui suit la crête transversale post-palatine et limite en avant la fosse post-palatine est assez étroite et à peu près semblable à celle de l'*E. deserti;* cette lame est donc beaucoup plus large que celle de l'*E. Europæus*, laquelle est réduite au point de disparaître le plus souvent, mais elle est beaucoup plus étroite que celle de l'*E. Algirus*, laquelle atteint un développement remarquable. Les bulles osseuses de l'*E. Libycus* sont un peu plus grandes que celles des *E. Europæus* et *Algirus*, mais beaucoup plus petites que celles de l'*E. deserti;* corrélativement, la partie antérieure du basi-occipital, laquelle s'engage entre les bulles, sans être aussi rétrécie que chez l'*E. deserti*, est considérablement moins élargie que chez les *E. Europæus* et *Algirus*. Enfin, comme celle de l'*E. Europæus* et celle de l'*E. Algirus*, la deuxième prémolaire de l'*E. Libycus* est munie d'un lobe interne et présente trois racines, tandis que la même dent, chez l'*E. deserti*, réduite à son lobe externe, se trouve déjetée en dehors de l'alignement des autres, n'a qu'une seule racine et paraît, en outre, précocement caduque.

En somme, la détermination des quatre espèces considérées ici sera toujours facile. D'une part, les *E. Europæus* et *Algirus* diffèrent des *E. deserti* et *Libycus* par leur taille, par la sculpture de leurs piquants, par les dimensions très différentes de l'oreille et par celles du deuxième orteil, ongle compris. D'autre part, on distinguera, l'un de l'autre, les deux premiers par la présence d'une seule ou de deux callosités tarsiennes, par l'extrême réduction ou le grand développement de la lame osseuse post-palatine et, enfin, par la forme différente des os nasaux, ces deux os, chez l'*E. Europæus*, étant fortement rétrécis au milieu et dilatés en arrière et figurant ensemble le profil d'une massue, tandis que leur contour, chez l'*E. Algirus*, est limité par des lignes droites et représente une pointe simple ou un fer de lance; et les deux derniers, par la différence de taille, par l'absence ou la présence d'une raie nuchale large et nette entre les piquants, par l'existence d'un seul ou de deux anneaux bruns autour des piquants et d'une seule callosité, assez nette, ou de deux callosités, effacées, sous le tarse, par les dimensions, moyennes ou énormes, des bulles osseuses et, enfin, par la forme très différente de la deuxième prémolaire.

---

[1] Les callosités carpiennes et tarsiennes m'ont souvent fourni d'heureux caractères subgénériques (genres *Gerbillus*, *Meriones*, *Microtus*, etc.); mais je ne crois pas qu'elles puissent servir de base à une subdivision acceptable du genre *Erinaceus*. On devrait en effet, d'après leur considération, séparer, dans des sous-genres différents, l'*E. Europæus*, à deux, et l'*E. Algirus*, à un seul tubercule tarsien, deux espèces cependant très voisines par l'ensemble de leurs caractères, et, inversement, réunir dans un même sous-genre des espèces très dissemblables, comme, d'une part, les *E. Algirus* et *Libycus*, à une seule, et, d'autre part, les *E. Europæus* et *deserti*, à deux callosités tarsiennes.

II. — Dans une publication récente[1], dont je n'ai eu connaissance qu'après la mise en pages du présent *Catalogue*, Francisco de P. Martinez y Saez donne la liste des Mammifères recueillis, par le voyageur F. Quicoza, au sud du Maroc, dans le Sahara occidental. Cette liste ne comprend que quatre espèces; mais une d'elles (*Bifa lerotina*) n'était encore connue que du Mzab (Sahara algérien), une autre (*Meriones Shawi*), que d'Algérie et de Tunisie. Voici d'ailleurs la traduction intégrale du passage[2] qui se rapporte aux Mammifères dans cette publication :

« *Mammifères*.

« *Meriones Shawi* Rozet. — Rio de Oro. — Un individu vivant.
« *Bifa lerotina* Lataste. — Rio de Oro.
« *Gazella Dorcas* Licht. — Rio de Oro. — Deux têtes.
« *Oryx leucoryx* Pallas. — Sahara occidental. — Les cornes d'un mâle. — Espèce appelée *l'erc* par les Arabes. »

---

(1) *Apuntos de un Viage por el Sahara occidental por don Francisco Quicoza* in *Ann. Soc. Españ. Hist. nat.*, XV [31 déc. 1886], 495.
(2) *Loc. cit.*, 522.

www.ingramcontent.com/pod-product-compliance
Lightning Source LLC
LaVergne TN
LVHW011957160826
845678LV00002B/587

* 9 7 8 2 3 2 9 6 7 7 0 3 3 *